徽州传统建筑
现代宜居活化与实践

安徽建筑大学
钟 杰 张笑笑 编著

中国建筑工业出版社

图书在版编目（CIP）数据

徽州传统建筑现代宜居活化与实践 / 安徽建筑大学，钟杰，张笑笑编著. —北京：中国建筑工业出版社，2022.3

ISBN 978-7-112-28275-3

Ⅰ.①徽… Ⅱ.①安… ②钟… ③张… Ⅲ.①村落—乡村规划—建筑设计—研究—徽州地区 Ⅳ.①TU982.295.4

中国版本图书馆CIP数据核字（2022）第247602号

责任编辑：费海玲　焦　阳
文字编辑：汪箫仪
书籍设计：锋尚设计
责任校对：姜小莲

徽州传统建筑现代宜居活化与实践
安徽建筑大学
钟　杰　张笑笑　编著

*

中国建筑工业出版社出版、发行（北京海淀三里河路9号）
各地新华书店、建筑书店经销
北京锋尚制版有限公司制版
建工社（河北）印刷有限公司印刷

*

开本：850毫米×1168毫米　1/16　印张：10　字数：223千字
2024年12月第一版　2024年12月第一次印刷
定价：**58.00**元
ISBN 978-7-112-28275-3
（40724）

目 录

第一章 徽州传统建筑活化动因

第四章 徽州传统建筑现代宜居活化模式

第五章 祁门县闪里镇磻村宜居活化实践

第一章

徽州传统建筑活化动因

一、活化背景

党的十八大以来，习近平总书记发表一系列重要论述、作出一系列重要指示批示，强调一定要重视历史文化保护传承，保护好中华民族精神生生不息的根脉，为历史文化遗产保护工作引航指路。作为一个时代社会历史以及社会形态的载体之一，建筑承载着地方的文化，体现了当时人们的生产、生活方式以及时代特征，具体表现在运用建筑工具创造的手工艺品和文化空间等方面。建筑活化利用是基于对传统历史建筑的保护，在确保建筑生命力的前提下，让传统建筑得到更好的创新，从而使它们适应当下的生产和生活。其重点是要关注如何让建筑具有更广泛的社会影响，传递正确的价值观，同时促进大家了解建筑历史，传承优秀文化。

（一）国家政策引导

2021年9月中共中央办公厅、国务院办公厅印发了《关于在城乡建设中加强历史文化保护传承的意见》，并发出通知，要求各地区各部门结合实际认真贯彻落实。推进活化利用，坚持以用促保，让历史文化遗产在有效利用中成为城市和乡村的特色标识和公众的时代记忆，让历史文化和现代生活融为一体，实现永续传承。促进非物质文化遗产合理利用，推动非物质文化遗产融入现代生产生活。2023年中央一号文件《中共中央 国务院关于做好2023年全面推进乡村振兴重点工作的意见》提出做好2023年全面推进乡村振兴重点工作，扎实推进宜居宜业和美乡村建设。

随着文化自信的不断增强以及城镇化建设脚步的加快，人们越来越重视传统地域文化，但是作为文化重要载体的传统村落却面临老龄化和空心化逐渐加剧、基础设施落后，以及宜居性降低等问题，传统建筑难以满足当代居民的使用需求，因此对于传统建筑的活化利用和传统村落的保护迫在眉睫。我国以建筑为研究对象的传统村落保护探索起步于20世纪80年代末，研究内容从传统民居的单体测绘、装饰构造以及结构等研究逐步转向村落格局、空间形态、历史发展等方向。自启动传统村落的保护工作以来，已经公布5批传统村落名录，共有6819个村落被纳入保护范畴（表1-1）。

传统村落名录 表 1-1

公布批次	第一批	第二批	第三批	第四批	第五批
公布时间	2012年	2013年	2014年	2016年	2019年
村落总数量	646个	915个	994个	1598个	2666个
安徽省村落数量	25个	40个	46个	52个	237个

（数据来源：传统村落网）

（二）地方发展导向

徽州地区山奇水丽，风景旖旎，其独特的自然地理环境与集大成的地域文化，孕育出了徽州建筑这一独特艺术瑰宝。20世纪80年代以来，黄山市大规模的旧城改造客观上对原有传统地域风貌造成了一定的破坏，传统村落伴随着日趋严重的乡村老龄化、空心化而陡然萎缩，徽州传统建筑面临严重破坏。此时，地方政府逐渐意识到了问题的严重性，因此采取了一系列措施来开展传统建筑的保护活化利用工作。

2014年9月，黄山市文化委召开徽州古建筑保护工程领导组组长专题会议，提出做好国家级文物保护单位（以下简称“国保”）、省级文物保护单位（以下简称“省保”）集中成片的中国传统村落规划编制工作，并完成《徽州探古》电视制作和《中国文物报》徽州古建筑工程专版报道等任务。次年4月，徽州古建筑保护工程领导小组会议在屯溪召开，黄山市领导出席会议并在讲话中指出，徽州古建筑保护工程是为了更好地传承和弘扬徽州文化，要深刻领会习近平总书记系列重要讲话精神，切实增强担当意识、历史责任和创新意识。要进一步推进古民居流转改革试点工作，切实加大工程建设推进力度，力争圆满完成当年徽州古建筑保护工程各项任务。2018年12月，安徽省第十二届人大常委会第四十二次会议表决通过了关于批准《黄山市徽州古建筑保护条例》的决议，立法保护徽州古建筑，守住徽文化“筋骨肉”。这使徽州古建筑保护有了操作性更强的法律依据。条例鼓励社会力量以出资、捐赠、捐资、设立基金等方式参与古建筑保护和利用，充分挖掘古建筑的价值，使其恢复造血功能。

为深入推进徽州古建筑保护利用工程，开展国家传统村落集中连片保护利用，当地政府通过项目引领、修缮保护、业态打造，努力使承载着历史记忆和价值的徽州传统建筑焕发新活力。“十三五”时期，在省委省政府的坚强领导下，皖南国际文化旅游示范区建设取得了辉煌成就，文化传承创新不断增强，交通基础设施不断完善。“十四五”时期是高品质建设皖南国际文化旅游示范区的关键五年，应全面把握皖南国际文化旅游示范区发展形势，描绘好发展蓝图，继续加强徽州文化保护传承，推动文化旅游高质量发展。

（三）遗产资源丰富

近年来，在遗产旅游快速升温和遗产保护日益受到重视的背景下，遗产开发与保护的矛盾愈加凸显。徽州文化遗产资源开发始于20世纪70年代末，屯溪老街作为商业步行街和明清民居群进行规划开发。进入80年代，先后开发了歙县棠樾牌坊群、唐模村，黟县西递、宏村、南屏村，潜口民宅等一批徽州遗产旅游景点。2000年11月皖南古村落成功申报世界文化遗产，掀起了徽州文化遗产开发的高潮。截至2007年底，纳入黄山市旅游景点统计电信月报的徽州文化旅游景点已达到25个，占黄山市景点总数的51%。2007年徽州文化旅游景点门票总体统计为294.1万人次，营业收入6938.5万元。徽州文化遗产在黄山市旅游经济建设和发展中的地位与作用正在日益凸显，成为黄山市旅游经济可持续发展的支撑。

徽州文化遗产集自然遗产、物质文化遗产、非物质文化遗产于一身，种类齐全、规模宏大、等级较高、保存完整。其中有牯牛降、清凉峰、五溪山3处国家级自然保护区，黄山、齐云山、花山谜窟—渐江3处国家重点风景名胜区。世界文化遗产2项（黄山与皖南古村落）；全国历史文化名城1座（歙县），全国历史文化名村8处，全国重点文物保护单位17处；省级历史文化名城1座（黟县），省级历史文化名村名镇和街区13处，省级重点文物保护单位83处，市、县（区）级重点文物保护单位300余处，经过普查，确认的地面文物遗存多达1万余处。古徽州非物质文化遗产资源内涵也十分丰富，其中列入黄山市公布的市级非物质文化遗产保护名录74项、区县级129项，涉及民间舞蹈、传统手工技艺、民间传统知识、民间音乐、民间礼俗、民间信仰、民间文学、民间美术、民间戏曲、民间曲艺、民间杂技、消费习俗、游艺，以及传统与竞技等14个大项。列入国家级非物质文化遗产名录15项，省级非物质文化遗产名录27项（表1-2）。初步建立了国家、省、市、县（区）四级保护体系。

徽州地区非物质文化遗产名录 表 1-2

级别	第一批	第二批	第三批	第四批
国家级	徽墨制作技艺、徽州三雕、万安罗盘制作技艺、歙砚制作技艺、徽墨制作技艺、宣纸制作技艺、目连戏、徽剧（共8项）	珠算（程大位珠算法）、徽州民歌、道教音乐、祁门傩舞、徽派盆景技艺、徽派传统民居建筑营造技艺、宣笔制作技艺、绿茶制作技艺、红茶制作技艺、徽州漆器髹饰技艺（共10项）	张一帖内科疗法（共1项）	徽州竹雕、徽笔制作技艺、西园喉科、徽州祠祭（共4项）
省级	祁门红茶制作技艺、皖南竹刻、徽州民歌、徽州楹联匾额、黎阳仗鼓、徽剧、徽州三雕、新安医学、祁门傩舞、徽州民谣、徽菜、徽州祠祭、徽州民居建筑营造技艺、徽州目连戏、皖南花鼓戏、徽剧、徽派版画、徽州篆刻、宣纸制作技艺、宣笔制作技艺、绿茶制作技艺、歙砚制作技艺、万安罗盘制作技艺、徽派盆景技艺、徽州漆器制作技艺、徽墨制作技艺、绿茶制作技艺、宣笔制作技艺、程大位珠算法（共29项）	五城米酒酿制技艺、五城豆腐干制作技艺、叶村叠罗汉、宣酒纪氏古法酿造技艺、张一帖内科、徽州根雕、徽州竹雕、徽州板凳龙、皖南木雕、皖南皮影戏、赛琼碗（共11项）	—	—

（四）风土人情独特

民风民俗起源于人类社会群体生活的需要，是人民群众最贴心的一种生活方式。徽州地区不仅拥有丰富的自然资源，近千年的发展演变赋予了它独特的人文风情。这里民俗文化源远流长、意义非凡，各类节庆、服饰、饮食起居、婚嫁、宗教信仰等民俗文化构成了一幅幅色彩斑斓的民俗风情图画（表1-3），具有浓郁的生活气息、文化内涵和独特的美学价值，展示了当地人民追求幸福美满、安居乐业的美好愿景。

徽州民风民俗　　表1-3

名称	第一批
徽州婚嫁	徽州婚嫁严格遵循父母之命、媒妁之言。一般有九道程序：说媒、行聘、请期、搬行嫁、开脸、迎亲、拜堂、闹洞房、回门
重阳庙会	农历九月初九，朝拜周王菩萨，农副产品、手工业产品交易，搭台唱戏
抛绣球	原为“抛彩球择婿”，现给游客一个“喜兆”，接中彩球的游客，将会幸运长驻，万事如意
目连戏	戏剧《目连救母劝善戏文》主要写傅相之妻刘青提，亵渎神明，被打入地狱，其子救母心切，遍历地狱十殿，终于团圆。旧时每逢农历闰月之年，徽州民间多演此戏，以求驱邪避灾
跳钟馗	跳钟馗是一种民间舞蹈，又称“嬉钟馗”，流行于今徽州区岩寺镇、歙县朱家村一带。古时“嬉钟馗”是以木偶架在肩上嬉耍，后来发展成由人扮演钟馗，在村中巡游嬉耍

除此之外，还有历史悠久的徽州祠祭、接菩萨等节庆习俗，体现了当地居民的团结和对祖先的尊重，以及对美好生活的精神向往；2008年入选第二批国家级非物质文化遗产保护名录的祁门红茶制作技艺，以及大放异彩的根雕技艺，彰显了当地人民精湛的传统手工艺；造型喜人、香甜爽口的嵌字豆糖是当地民间逢年过节招待客人的传统糕点，具有浓郁的地方风味，与其说是香甜爽口的食品，不如说是精美的工艺品。这些都充分展示了徽州地方特色及风土人情。

二、活化缘起

20世纪30年代，营造学社的先驱们开始广泛关注全国各地的传统民居，1941年刘敦桢著有《西南古建筑调查概况》。20世纪50年代，刘敦桢出版了《中国住宅概说》一书，这是我国第一本系统论述传统民居的重要著作，全国各地的建筑科学院、设计单位以及高校等通力合作，对我国传统民居进行了调查测绘。20世纪80年代初，清华大学单德启的《徽州民居笔记》系列《村溪、天井、马头墙》一文，对徽州的西递、碧山、屏山、宏村、唐模、呈坎等村，作了一定的村落环境分析；之后相继出版《浙江民居》《吉林民居》等书，对全国各地民居作了系统的介绍。作为“十三五”国家重点研发计划“传统村落保护利用与现代传承营建关键技术研究”项目的课题之一，传统村落活化保护与传统建筑宜居性营建研究逐步引起大家的关注。

（一）徽州传统建筑保护与活化的意义

1．保护徽州传统聚落，延续传统地域文化

徽州文化是中华传统文化的典型。由于历史上的中原战乱，在三次人口迁移中，世家大族举家迁入徽州，带来先进的技术和中原文化。徽州的自然地形地貌是抵御外界战乱的天然屏障，因而给予中原文明的种子一片充满生机的沃土。宋元以来，随着徽商团体的逐渐壮大，东沿新安江至苏杭，北沿长江至武汉，南越群山至东南沿海，经济贸易甚至远至海外。徽州人包容并蓄的特征，使徽州文化明清时期在各地开花，影响颇广。徽州传统村落承载着徽州人对于文化的理解和诠释，是文化传承非常重要的物质载体。

2．保护徽州传统建筑，记录时代社会生活

徽州建筑作为徽州人的生活载体，反映着徽州家庭关系、社会联系以及因地制宜的生活方式。徽州传统建筑的空间形态反映了人与人之间、个人与家族之间、房派与房派之间的种种联系。徽州建筑的选址更是与生产密切相关，其建造方式、使用的材料与当地的自然环境分不开。研究徽州社会生活，对于徽州传统民居现状遗存的调研必不可少。

3．活化徽州传统聚落，助推乡村生态振兴

徽州传统聚落的营建和规划蕴含了徽州人“天人合一”的营建理念。从村落最初的选址规划，经世代调节完善，最终形成与山势地形契合、水系统完整、自组织生长、功能与美学并重的生态聚落，经历了漫长的自然发展过程。在全面推进乡村振兴的背景下，对徽州传统聚落进行活化利用，在有效保存徽州人千百年来的聚落营建智慧的同时，能利用地域本土化的生态理念，有效低碳推进乡村发展。

4．活化徽州传统建筑，保护传承乡土遗产

传统建筑作为乡土遗产的物质载体，保护并活化传统建筑有利于物质和非物质文化的有效传承。徽州地区现存多项非物质文化遗产（简称非遗），国家级非遗15项，省级非遗40项，市级非遗91项，县级非遗184项。例如国家级歙砚制作技艺、徽墨制作技艺、万安罗盘制作技艺、徽剧、目连戏、徽州三雕、徽州民歌、齐云山道教音乐、徽派传统民居建筑营造技术、徽州髹漆制作技艺、徽派盆景技艺、绿茶制作技艺（黄山毛峰、太平猴魁）、祁门红茶制作技艺、程大位珠算法、祁门傩舞等。

（二）徽州传统建筑活化的现状与困境

1. 建筑遗存量多面广，利用效率有待提高

徽州建筑现状遗存较多，部分质量较好的明清民居被评为文物保护单位，得到了有力保护。但更多的是大量散落于徽州各地的民居和祠堂建筑，它们没有法律保护身份，多处于空置、破损甚至倒塌状态。据不完全统计，目前徽州尚存宗族祠堂731个，其中包括严重残损即将倒塌的377个。在量大面广的徽州乡土遗产面前，唤醒百姓的文化遗产保护意识，通过当地村民自己的生产生活需求来提高建筑的利用效率迫在眉睫。

2. 传统民居发展滞后，难以满足居住需求

随着生活水平的不断提高和社会生产的转型，传统的徽州民居已经无法满足现代人生活的需求。徽州因耕地少、人口多，民居空间狭小、层高不足，作为主要居住空间的卧室等空间采光通风无法保证。加上徽州传统聚落多位于山地，对外交通不便、运水困难，砖木结构古民居不耐水火，一旦发生火灾，可燃物品基本烧毁殆尽，导致严重的人、财、物损失。并且基础设施不健全、农业生产活动大量减少，村民大量移居至主干道两旁，导致徽州地区存在大量的空置民居，空心村情况较多。

3. 文旅开发快速量大，难以延续原本形态

随着乡村振兴战略的不断推进，徽州地区因其独特的文化底蕴，以及位处长三角地区，邻近上海、杭州等一线和新一线城市的地域优势，受到政府、文旅企业、社会投资个体的广泛关注，形成了多地文旅开发并进的势头。这种快速大量的发展模式虽然在经济方面带来了一定的短期效益，但也在一定程度上破坏了村落原有的形态。从长期发展来看，缺少对当地文化的深入了解，未对当地村民实际生活进行在地性考察，未进行聚落的历史发展和传统民居的特征对比分析，大规模的文旅快速开发难免会对传统建筑和聚落的原有形态特征造成面目全非的改造甚至不可逆转的破坏。物质载体的改变与破坏必将不利于传统文化传承。

4. 现代建造工艺设备，忽略传统营建技艺

随着现代生产的工业化，在徽州地区建筑材料也因市场的变化而采用便捷、低成本的水泥、琉璃瓦、玻璃等材料。随着生活水平的逐步提高，无论村民还是游客，对于居住的舒适度要求均越来越高，被动式设备使用越来越普遍。徽州传统民居几千年来形成的在地性、低碳绿色营建智慧需要解读传承，当地传统的营建工艺做法也需要在不断更新迭代中传承创新。如何解决现代城市化营建理念与传统乡村营建智慧的融合、现代材料工艺与传统营建技艺的嫁接，是传统聚落整体性保护活化的关键问题。

三、活化的相关理论

国际古迹遗址理事会在《关于乡土建筑遗产的宪章》（1999年）中论述道："为了与可接受的生活水平相协调而改造和再利用乡土建筑时，应该尊重建筑的结构、性格和形式的完整性。在乡土形式不断地连续使用的地方，存在于社会中的道德准则可以作为干预的手段。"因此，在建筑的保护和再利用过程中，应对其进行必要的改造，使其功能符合当代的使用需求。在此过程中，不仅是修复和增加功能，还增加了传承地域文化、提升居民生活品质以及保留场所精神等要求，"活化"利用成为重要的更新策略。

荷兰学者克拉森等人早在20世纪80年代就提出城市化进程空间周期理论的最后一环"再城市化"，表现为调整市中心区不合理的产业结构，第二产业向高新技术产业和第三产业转变，推动全面"士绅化"。在这一过程中，工业遗存更新利用成为重要实践对象之一。我国工业遗存活化利用实践始于20世纪90年代，历经近30年实践，取得了丰硕的成果。除此之外，还有针灸活化、遗产动力学、有机更新以及适应性再生等相关理论指导建筑活化更新利用，为重新赋予传统建筑价值与意义提供了翔实的理论依据。

（一）生命周期理论

生命周期（Life Cycle）原为生物学术语，指一个生物体从出生到死亡所经历的各个阶段和整个过程。经引申和扩展后，成为一种在社会科学各学科中应用颇为广泛的研究方法，即一种把研究对象从产生到死亡的整个过程，划分成一个个前后相继，甚至周而复始的阶段来加以研究的方法。如个人生命周期和家庭生命周期等。

旅游地生命周期理论的概念较早在20世纪60年代被提出。克里斯特勒（Christaller）于1964年认为在旅游地的演变过程中，发现（discovery）、成长（growth）和衰落（decline）等阶段较为一致。巴特勒（Butler）于1980年提出旅游地演化过程包括探索（exploration）、起步（involvement）、发展（development）、稳固（consolidation）、停滞（stagnation）、衰落（decline）或复兴（rejuvenation）等6个阶段。此后，旅游地生命周期理论受到国外学者的广泛关注。1985年，迈耶·阿伦特（Meyer Arendt）用巴特勒的旅游地生命周期理论分析了美国格兰德岛度假村的演变情况，把旅游地的周期演变与自然环境作用、旅游开发密度联系起来。国内学者于20世纪80年代开始引入旅游地生命周期理论研究，增强了旅游地生命周期理论对不同地区实践的指导作用，相继研究了丹霞山、黄山和九华山、秦兵马俑、西递和宏村、苏州3个乡村等旅游地的生命周期，还有学者提出用"生命力指数"来预测旅游产品生命周期。旅游地生命周期理论应用在传统村落空间研究方面，有学者提出用"空间增长率""空心化率"的大小关系来判定村落处于发展阶段还是衰落阶段，由此将传统村落空间生长划分为产生期、发展期、成熟期、衰落期四个阶段，指出影响生命周期的因素包括生产力的变革、功能的适应性、人口迁移与政策的调控。总的来说，国内关于分析旅游地的生命周期理论指导景区开发的文章较多，而用旅游地生命周期理论指导传统村落进行空间生长过程研究的文章相对较少。

徽州地区现存大量地域特色鲜明、文化特征显著的传统村落。作为村落重要组成部分的建筑，见证了整个村落从选址建设到发展衰落的全生命周期，所以在传统建筑领域，通过对个体建筑的全生命周期分析，从而进行活化保护利用，具有非常重要的意义。

（二）针灸活化理论

《黄帝内经》中第四十三篇“痹论”写道：“帝曰：以针治之奈何？岐伯曰：五脏有俞，六腑有合，循脉之分，各有所发，各随其过，则病瘳也。”其中表述了针对痹症如若采用针灸疗法，则需要对准五脏六腑中的穴位、经脉等对症下针。“区域针灸”理论运用中医针灸理论，将区域当成有机生命体，找出关键部位进行局部“针灸”，打通区域“经脉”，厘清“痛”与“通”的关系，进而达到解决区域问题的目的。

城市针灸理论（Urban Acupuncture）是广义建筑学领域的一个概念。1982年，莫拉勒斯结合巴塞罗那的城市再生策略提出了城市针灸的概念。城市针灸是一种催化式的、小尺度介入的城市发展策略。这种小尺度要有一定前提，即子系统与更高阶层的系统之间具有联系。正是源于“针灸”理念对原有肌理的延续，更加符合传统乡村更新的需求，同时其多点操作、共同作用的机理也更加适宜乡村的聚落尺度范围，所以将“针灸”这一源自中国民间文化的理念，结合相关理论的研究，运用于乡村更新及传统建筑活化问题的讨论。针对空间结构装饰等建筑局部关键“小尺度”整治，使整个建筑平缓渐进改造利用，进而达到活化的目的。

（三）遗产动力学

近年来，随着文化遗产研究领域的不断拓展与深化，文化遗产保护的研究逐渐从注重文化遗产的本体研究转向保护本体研究与保护管理体制研究、保护新技术及展示研究等多元并重。在文化遗产保护管理体制研究方面，青木信夫教授借鉴动力学理论提出了“遗产动力学”的概念。作为理论力学的一个分支学科，动力学主要研究作用于物体的力与物体运动的关系，即物体在力作用下的运动规律，遗产动力学主要研究遗产保护发展的动力根源与文化遗产保护和发展的关系。青木信夫认为，现实中文化遗产的保护或破坏是在众多的力量与复杂的关系下推进的，其保护与发展可以看成一个动态系统，动力根源主要包括政府、企业、公众、专家及非政府组织，他们之间互相产生作用力和反作用力，从而影响文化遗产的保护与发展。遗产动力学通过分析动力根源、作用力以及保护主体之间的关系，寻求适宜的保护主体与合理的动力根源关系，最终建立文化遗产保护与可持续发展的“动力学模型”。遗产动力学理论不仅适用于文化遗产的保护与发展，同样适用于乡村的保护与建筑的活化，尤其是蕴藏大量文化和传统建筑遗存的历史文化名镇、名村与传统村落。

对于遗产的保护和活化利用，需要有效率地甄别遗产的真实性、原真性，以及确认哪一部分是可持续的，哪一部分是不可持续的。与此同时，在非物质文化遗产和物质文化遗产结合的情况下，还需要作出选择：在非物质文化遗产尚存、物质文化遗产毁坏或消失的情况下，如何结合非物质文化遗产去修复、重建物质文化遗产，在赋予非物质文化以物质载体的同时，让非物质文化给传统建筑的修复、活化、适应性再生注入灵魂?

（四）有机更新

有机更新理论是吴良镛教授在对中西方城市发展历史和理论的认识基础上，结合北京的实际情况而提出的。有机更新理论的雏形早在1979—1980年吴良镛教授参与的什刹海规划研究中就已经形成。这项规划明确提出了“有机更新”的思路，主张对原有居住建筑的处理根据房屋现状区别对待，即：①质量较好、具有文物价值的予以保留，房屋部分完好者加以修缮，已破败者拆除更新，上述各类比例根据对本地区进行调查的实际结果确定；②居住区内的道路保留胡同式街坊体系；③新建住宅将单元式住宅和四合院住宅形式相结合，探索“新四合院”体系。上述思路在1987年开始的菊儿胡同住宅改造中得到实践，取得了有目共睹的成功。吴良镛教授在其《北京旧城与菊儿胡同》一书中总结道：“所谓‘有机更新’，即采用适当规模、合适尺度，依据改造的内容与要求，妥善处理目前与将来的关系——不断提高规划设计质量，使每一片的发展达到相对的完整性，这样集无数相对完整性之和，即能促进北京旧城的整体环境得到改善，达到有机更新的目的。”从这个意义上说，有机更新理论是一种可持续发展的、适应旧城更新的城市设计理念，同样也可具体运用到传统建筑的更新实践中。

（五）适应性再生

建筑遗产的再利用过程中，将“资源—建筑—废物”的物质单向流动转化为“资源—建筑—循环使用建筑—循环再利用建材”的物质闭路循环过程。

如果说建筑史是建筑适应于时代、地域、文化、功能、技术而变化的“进化史”，那么一个建筑的历史，就是“适应”（adaptation）的过程。1995年，斯图尔特·布兰德在《建筑如何学习》（*How Buildings Learn: What happens after they're built*）中，讲述了建筑如何适应环境（包括功能）而变化的情况。建筑的相对永久性和其使用功能的暂时性决定了这种适应性是建筑必备的属性。布兰德按使用寿命的不同将建筑分为场地（site）、结构（structure）、表皮（skin）、设备（services）、空间使用（space plan）和填充物（stuff）6个层次。其中，场地作为地理环境被视为永久，结构寿命为30~300年，表皮的翻新周期为20年，设备7~15年不等，而空间使用周期通常商用为3年，住宅为30年。显然，长寿的层次相对于短寿的层次，会经历更多的变化。而建筑的适应性正是来自于各个层次之间能够自由地“滑动”。一开始，将建筑的各个层次“整合”似乎颇具效率，然而随着时间的流逝，将事与愿违。这里，布兰德还特别提到了岁月对建筑的适应性会产生积极的意义，因为它会使建筑变得更受欢迎。建筑需要适应性、具备适应性，最重要的是，它是适合的。“多数时候我们致力于保护并不是因为其对象有多么神圣，而是因为我们知道，替代它的不会比它更好；而保护的信念，正是来自于此。”这是对适合的客观表述。

四、活化典型案例

（一）保护为主　以用促保——贾家大院

徽州地区承载着丰富的历史信息和文化内涵，目前黄山市拥有三十多处国保单位，是安徽省具有国保单位最多的地级市。当下文物建筑的保护有16字方针：“保护为主、抢救第一、合理利用、加强管理”，最终目的是平衡保护与利用的关系，发掘老建筑的潜能，达到最佳的保护和利用状态。黄山市屯溪区的贾家大院在保护与利用之间尺度把控较好，是徽州地区文物建筑保护活化利用的典型案例（图1-1）。

图1-1　贾家大院

贾家大院（徽州先贤馆），位于黄山市屯溪区黎阳老街28号，是黎阳老街保存相对完好的一处徽州古民居。从外观上看，它由砖、土、木搭建，砖木结构占地一亩六分①，青砖黛瓦，白墙内天井厅堂的四围墙根被青石雕

① 1亩约等于666.67m^2，1分等于0.1亩，文中不再标注。

刻的暗八仙浮雕环绕，大厅高大的梁木落在青石圆墩上，和圆墩接触的梁木处有一圈几厘米宽的包铜。1931年夏，中国银行屯溪分号在黎阳镇开业，营业场所就设在贾宅（黎阳街28—30号）。中国银行屯溪分号迁走后，1945年底至1949年间，屯溪电报局亦设在此处。此后，粮站、医药公司、屯溪二小分部也曾先后设在此处。后期徽州地区富豪贾姓人氏出资维护，总投资9万元，逐渐发展成为历史文化博物馆，专门展示古今中外徽州籍的成功人士，因此又名“徽州先贤馆”。院内总面积约350m^2，设德行天下、爱国先哲、家风家训、友善乡邻、当代好人、敬业先锋、诚信楷模7个展厅，通过文字、实物、视频等方式展现古徽州历史文化名人的生平事迹，让游客在参观的同时，感受徽州深厚的文化底蕴（图1-2）。这座典型的徽派建筑，默默地见证了历史的变迁，于2008年被列为市级文物保护单位（图1-3）。对贾家大院的定位，使黄山市政府意识到不能一味地输血保护，在进一步加强对其保护的同时，加以改造利用，赋予其新的功能，从而通过合理利用促进保护。

（a）

（b）

（c）

图1-2　展厅展示

（二）完美功能　植入业态——宏村一品更楼民宿

徽州地区自然人文景观优美，传统民居建筑是徽州地区人民智慧的结晶，是中国传统建筑文化遗产的瑰宝。随着时代的发展与社会的变革以及生产生活方式的改变，原有的传统民居已经无法满足当代人的使用需求。结合旅游业态，通过对传统民居建筑进行活化改造利用，使其发展为符合现代使用需求的民宿业态是当下的热门话题。而民宿之所以能够如此迅速地成为大众认可

图1-3　展厅一角

的模式，是因为其很好的体验感。徽州地区民宿建立在徽文化景观等优势资源基础上，往往根据一种温馨的家庭体验模式来设计，融入人文风俗等接地性思路，给前来体验的消费者以舒适的场景感受。

在民居改造过程中，针对需要维护更新的部分，保留其原有筑造方式，抽取传统要素和技艺，精雕细琢，结构上模仿传统建造方式，吸取传统经验，从中学习并付之实践。而在建筑中需要改造的部分，则应注意两点：一是尽可能地找本地居民来建造，因为本地居民对徽州民居的方方面面都十分熟悉，大方向上不会出错；二是在尊重传统的基础上适当添加现代工艺，实现现代与传统的结合，保证建筑能够更加长远保存，实现文化的融合与延续。

宏村一品更楼改造利用建筑原有形制，以西南角门楼为入口起点，借助建筑本身狭长的巷道指引人行路线，最终到达民宿空间（图1-4、图1-5）。这种利用巷道空间的先抑后扬手法正是尊重传统文化的体现，借助现有的物质材料，设计流线形式，尊重建筑本质的同时，融合现代思想。对于建筑内部空间、外部形式乃至周边环境，一品更楼都维持原有状态，在此基础上进行适量调整，保证可持续性。

图1-4　宏村一品更楼实景

图1-5　一品更楼厅堂

（三）合理利用　修复创作——御前侍卫

传统建筑的活化利用是一项复杂的工作，在衡量处理保护与使用关系的同时，必要时还要加以干预，需要建筑师进行特殊的设计创作，以达到新旧功能之间的协调和室内空间的优化。传统建筑的现状以及干预程度对修复创作具有决定性作用，黄山黟县屏山村的“御前侍卫”在保护与活化之间的尺度把控堪称典范。

黟县屏山村的“御前侍卫”祠堂，是清雍正五年（1727年）屏山人御前侍卫舒琏因救驾有功，被皇帝下诏“荣恩”赐建的一座祠堂建筑。在清初，汉人获此殊荣实属难得——御前侍卫只有满族八旗上三旗的成员才可出任。后因祠堂年久失修，只剩下一张门脸。制片人张震燕以遗留的历史痕迹为灵感，通过迁移同一时期徽州另一座濒临倒塌的老祠堂，立于“御前侍卫”门脸后方空地，将其改造为具有徽州特色的精品酒店，两座祠堂合二为一，融为一体，相得益彰。现今的“御前侍卫”祠堂保留了原有的大门、青石板台阶、粉墙黛瓦的马头墙，同时用原有的梁柱结构搭建了酒店的大堂和其后的餐饮区、客房区，赋予内部空间丰富的功能内涵。在大门之后，徽州古村落平静而庄严地展示着自己的特色（图1-6）。

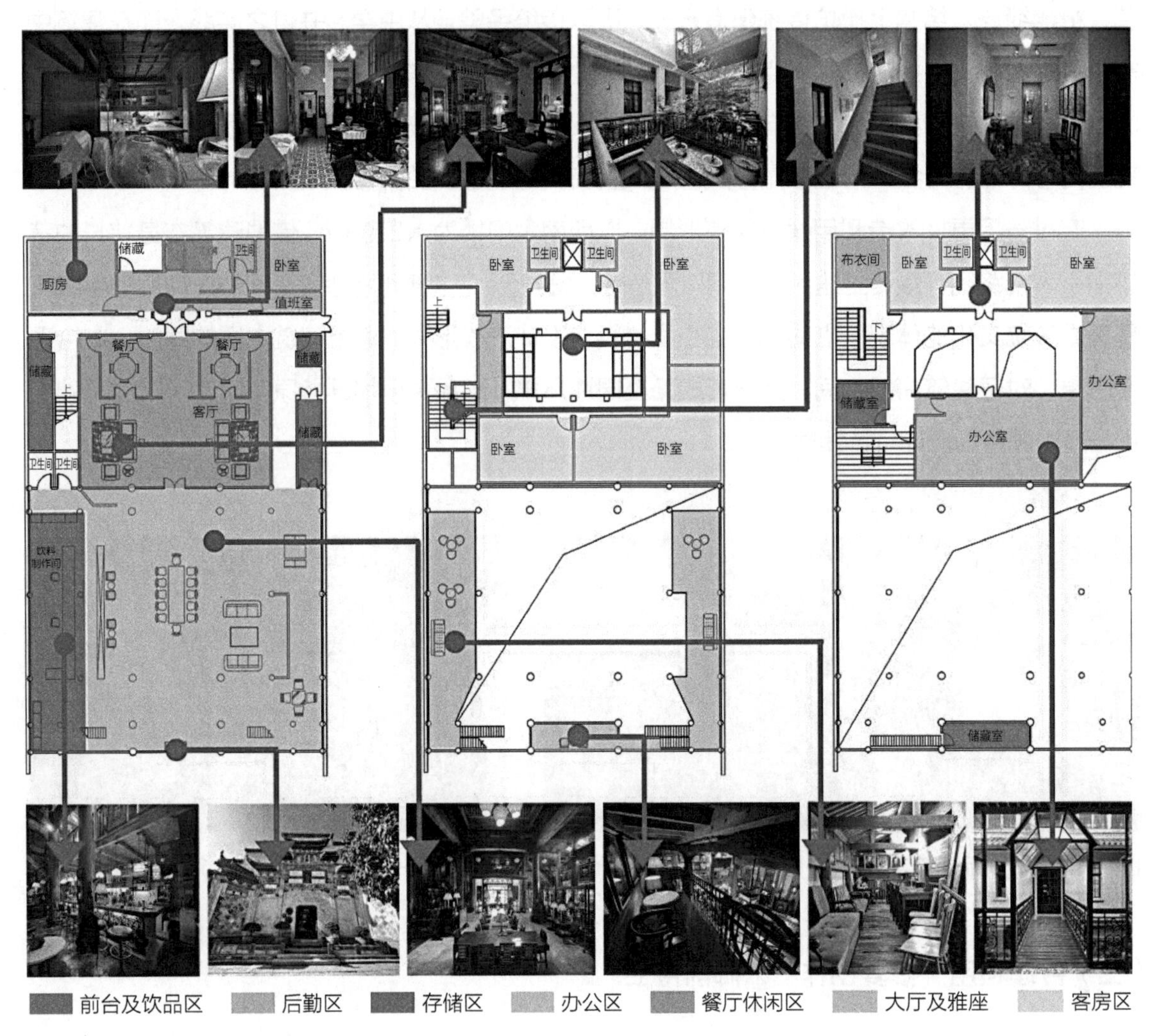

图1-6　改造后的空间层次划分及现状图

酒店建筑结构分为两个部分。第一进的咖啡馆基于徽派老祠堂传统建筑结构改造而成。咖啡馆左右两间及入口上方做了局部二层的空间，以休闲聊天及品尝咖啡等功能为主，在这个空间里不仅有独立的、相对私密的空间，还能俯视整个大厅。大厅的一层摆了一张长达6m的大长桌，可供游客休闲娱乐使用，大厅的左侧为咖啡馆的制作间兼吧台，右侧为游戏区及雅座区。卫生间位于大厅的左上角。第二进为酒店部分，在保留徽派建筑天井、四水归堂的建筑特色的同时，为保证现代起居生活的舒适性及建筑的密封性，整体结构以钢筋混凝土筑成。二进一层的主要功能自外向内依次为休闲客厅、餐厅、厨房后勤。二进通往二层的方式有两种，一是餐厅的最里面的一个复式垂直电梯，二是左侧的双跑楼梯。二进的二层部分除交通空间外都是客房部分，第三层为客房及主人卧室与办公室。

酒店内部以20世纪二三十年代民国海派装饰风格为主体，融入了欧洲新艺术运动，以及美式装饰艺术风格的元素，艺术风格极其多元化，呈现出徽派建筑海纳百川、兼收并蓄的大家风范。最引人注目的是两边的花砖壁炉。壁炉是主人淘回来的老古董，壁炉上的每一片花砖，也是主人搜集起来的20年代的旧物。这些从英国、法国、上海的租界收集起来的花砖，现代工艺已经很难复原它的颜色，此刻它们却像是获得了新的生命，娇艳地盛开在空间每一处细节上。

图1-7　商业空间

整体来看，“御前侍卫”祠堂功能空间的改造主要采取“原地重建”的改造模式，在基本保留原建筑的外墙边界的格局、外部风貌的情况下，根据新建筑功能，参考一般徽州地区祠堂内部空间特征重新分布格局，这是一种比较大胆的尝试，也是一种祠堂建筑保护利用的新方式（图1-7～图1-9）。

图1-8　大厅

（四）产业赋能　激活乡村——木梨硔

在徽州地区海拔近千米的山脊上坐落着一个传统村落木梨硔，被称为徽州最美高山村落。木梨硔村拥有得天独厚的山地自然环境和保存良好的徽州民居群，原生态资源丰富。村落历史悠久，几百年来村民自给自足，在山上耕植、圈养牲畜，山村民风朴素，夜不闭户，村落特色产品皆取自大山。依托黄山市旅游业态，木梨硔村旅游业也逐步取代传统产业成为村民主要收入来源之一。

图1-9　天井

图1-10 木梨硔村

图1-11 村内民宿

木梨硔村立足于整体的产业基础和发展趋势，重点发展乡村旅游这一产业链（图1-10）。作为徽州海拔最高的小山村，这里因为地理位置独特而气候特征鲜明，全年200多天大雾，整个村庄常年浮于云海之上，加上满山水墨般的竹林，徽州特色在这里体现得淋漓尽致。依托独特的地理位置，木梨硔举起高山村落旅游旗帜，发展摄影，注重沉浸式旅游体验，同时有效利用现有民居，发展民宿产业，激活乡村（图1-11）。

在产业赋能激活乡村的同时，注意传统村落的发展与保护。一是突出整体保护，从村落存在的环境出发，避免传统村落花瓶式保护，失去特色。二是突出持续发展，充分利用传统村落的特色资源，延伸产业链，植入新兴功能，探索传统村落带动的乡村振兴模式。注重原住村民在文化传承方面的核心作用，关注他们改善生活居住条件的需求，适当地引入新功能，由静态保护转向活态的利用传承。

参考文献

[1] 陈志华. 楠溪江中游的古村落[J]. 民间文化论坛，2000（4）：20-24.

[2] 赵懿梅. 徽州非物质文化遗产的调查与价值：兼评《徽州记忆》[J]. 黄山学院学报，2010，12（2）：1-4.

[3] 卞利. 论徽州的宗族祠堂[J]. 中原文化研究，2017，5（5）：114-121.

[4] 马国泉. 新时期新名词大辞典[M]. 北京：中国广播电视出版社，2000.

[5] CHRISTALLER W. Some considerations of tourism location in Europe: the Peripheral Regions-Under developed Countries-Recreation areas[J]. Papers in Regional Science, 1964,12(1): 95-105.

[6] BUTLER R W. The concept of a tourist area cycle of evolution: implications formanagement of resoures[J]. Canadian Geographer, 1980, 24(1): 5-12.

[7] MEYER-ARENDT K J. The Grand Isle, Louisiana Resort Cycle[J]. Annals of Tourism Research, 1985, 12(3): 449-465.
[8] 保继刚，彭华. 旅游地拓展开发研究：以丹霞山阳元石景区为例[J]. 地理科学，1995（1）：63-70，100.
[9] 陆林. 山岳型旅游地生命周期研究：安徽黄山、九华山实证分析[J]. 地理科学，1997（1）：63-69.
[10] 朱晓杰，张斌. 旅游产品生命周期理论研究：以秦兵马俑为例[J]. 旅游论坛，1999（1）：35-38.
[11] 杨效忠，陆林，张光生，等. 旅游地生命周期与旅游产品结构演变关系初步研究：以普陀山为例[J]. 地理科学，2004（4）：500-505.
[12] 汪德根，王金莲，陈田，等. 乡村居民旅游支持度影响模型及机理：基于不同生命周期阶段的苏州乡村旅游地比较[J]. 地理学报，2011，66（10）：1413-1426.
[13] 许春晓. "旅游产品生命周期论"的理论思考[J]. 旅游学刊，1997（5）：43-46，62.
[14] 樊海强，陈雅凤，陈璐璐，等. 基于生命周期理论的传统村落空间演变及复兴：以水尾村为例[J]. 建筑与文化，2018（9）：49-52.
[15] 谢晚珍. 徽州传统村落空间生长过程及影响因素[D]. 合肥：安徽建筑大学，2020.
[16] 蔡新雨. 基于"区域针灸"理论的历史文化街区活化策略初探：以鞍山市台町为例[J]. 建筑与文化，2018（1）：117-118.
[17] 张红，王新生，余瑞林. 空间句法及其研究发展[J]. 地理空间信息，2006，4（4）：37-39.
[18] 谢秋帆. "城市针灸"理论下的街道微更新研究设计：以洛阳庞村大道为例[J]. 工业建筑，2024，54（9）：57-65.
[19] 王琼，季宏，陈进国. 乡村保护与活化的动力学研究：基于3个福建村落保护与活化模式的探讨[J]. 建筑学报，2017（1）：108-112.
[20] 方可. 探索北京旧城居住区有机更新的适宜途径[D]. 北京：清华大学，2000.
[21] 王琼，季宏，陈进国. 乡村保护与活化的动力学研究：基于3个福建村落保护与活化模式的探讨[J]. 建筑学报，2017（1）：108-112.
[22] 刘旻. 创造与延续：历史建筑适应性再生概念的界定[J]. 建筑学报，2011（5）：31-35.

第二章

徽州传统建筑现代宜居活化指标体系

一、徽州传统村落空间的现代宜居性

（一）适应自然的村落选址

徽州地处安徽、浙江、江西三省交界的丘陵之地，为典型的亚热带湿润季风型气候。周围万山环绕，天目山、黄山、五龙山、白际山、九华山相峙，地势崎岖复杂。徽州群山之间夹杂着众多谷地、盆地，其间众多水系穿行而过，包括新安江、青弋江、阊江、秋浦河和水阳江等。这些水系的出现，既满足了徽州人的生产生活之需，也成为徽州区域和外界联系的纽带，为此后徽商的繁荣昌盛奠定了基础。

明清时期，徽州村落发展到顶峰，出现大规模的、前所未有的布局形态。这种模式的出现有一定的必然性。首先，受地形条件的影响，徽州是一个多山的地区，山地约占70%，但不乏山间盆地、谷地和山前冲积扇，其中以休歙盆地最大。其次，水系也在徽州村落的选址中起了很重要的作用。徽州地处亚热带季风气候区，年降水充沛，内部河网密集，地表水资源丰富。河流中下游进入山间盆地、谷地时，地势平坦，河流流速缓慢，可以满足村民平日的生产、生活取水之需，是人类居住的理想场所。徽州的山间谷地、盆地和围绕的水系，为村落的发展提供了有利的条件。徽州山间盆地、谷地为河流提供了广阔的汇水面积，而河流发育又进一步塑造了山间盆地、谷地。在最初，沿着河流两岸盆地、谷地会零零散散地出现居民点，慢慢在河流的交汇处形成规模较大的村落。河流水系不仅是生活用水的水源，在古代还起到联系交通的作用，有些村落因交通便利而逐渐形成较大的村落。

西递村位于黟县县城东南15里（7.5km），因村中溪水向西流，原有“西川”“东源”之名。后在村西1.5km处设置驿站“递铺”，又称“铺递所”，故名“西递”。西递村于1999年12月和同属黟县的宏村一起被列入《世界文化遗产名录》（图2-1、图2-2）。

西递村建村据估计超过千年，现在的村落，奠基于北宋时期，发展于明代景泰年间，鼎盛于清代乾嘉年间，迄今也有900余年的历史。北宋年间（960—1127年），胡氏第五代胡士良举家自考川迁来西递，定居于此。士良公迁居此地的目的在于“遗荣访道”。自此，至十三世祖仲宽公，西递胡氏人口增长缓慢，以农业为主要经济来源，村落内部住宅分散，没有明确的道路和街区。从十四世祖起，西递人口激增，分出“九房四家”，并由于胡氏徽商的发达，大量的住宅、祠堂和牌坊开始兴建，村落的中心逐渐上移至汇源桥和古来桥之间，

图2-1 西递村口鸟瞰

图2-2 西递村牌楼

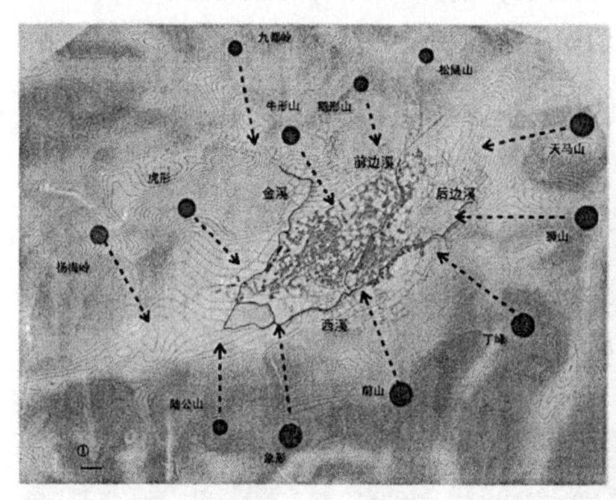

图2-3 西递村的自然山水格局（图片来源：单德启. 安徽民居［M］. 北京：中国建筑工业出版社，2009.）

前边溪街初步形成，村落规模开始逐渐扩大直至兴盛（图2-3）。

从选址布局到村落各种元素，都蕴含着古代居民对于地形的诸多考虑。西递村选址在万山丛中的狭长盆地，地势东高西低，北高南低。其附属村落的布局，亦选在村周山坞中的平坦之处，且避开了低洼地与山水冲沟，就着一方小天地，发展出小型聚居地。水作为人类生存不可缺少的要素，自然而然地为村落的生成奠定了骨架。在群山环抱之中，有三条小溪横穿西递村。站在西递村南的案山，俯瞰村落的全貌：村落的轮廓还是可以看到“船”的影子，两端窄、中部宽，两条溪流穿村而过，一条主街与沿溪的两条道路成为村落的主要骨架，与其他街巷构成东西为主、南北延伸的村落街巷系统。村落建筑沿街道布置得井然有序，村落与自然环境和谐统一。

西递村依山形，随地势，同自然融为一体，其村落的选址、建设遵循着堪舆理论，强调天人合一的理想境界和对自然环境的充分尊重。整个村落布局形态呈船形，整体轮廓与所处的地形、地貌、山水等自然环境和谐统一，具有很高的审美情趣，体现了徽州古村落的特有风貌。

（二）彰显文化的村落格局

徽州古村落的选址受到传统文化的影响，选址模式较多，其主要思想在于协调村落和地理气候、山脉水系之间的关系。徽州古村落的选址原则最主要的是“背山面水、负阴抱阳”。早在春秋时期的《管子》一书就对营造选址作了总结：“凡立国都，非于大山之下，必于广川之上；高毋近旱，而水用足；下毋近水，而沟防省。”

呈坎，原为徽州首府歙县辖地，现属安徽省黄山市徽州区。该村有文字记录的历史始于唐末，江西南昌府罗秋隐和堂弟罗文昌为避战乱来到呈坎，“择地得西北四十里，地名龙溪，改名呈坎”，并“筑室而居焉”。作为罗氏家族1000多年的聚居之地，现有居民中约有75%仍为罗姓。呈坎古村现存至少40处国家级重点保护文物，其中，罗东舒祠是徽州现存规模完整、装饰精美的家族祠堂，其规制及雕刻都受到了宗族文化的深刻影响。相对完整的呈坎古村落形态则体现了堪舆文化的影响。村落坐西朝东，众川河自南向北，将村落分成河西的居住区和河东的田地。古村的选址和命名也受到《易经》中“阴（坎）阳（呈）二气统一、天人合一”的启示。

呈坎村背山依水，山环水抱，地势平坦，但有一定的坡度，这种优美的自然环境、良好的局部小气候环境正是通过“负阴抱阳”理念的实践获得的。村落依山傍河而建，地势高，选址完全符合“枕山、环水、面屏”的说法。两条水圳引河水穿街走户，现仍发挥着消防、排水、泄洪、灌溉等功能。由于选址审慎、布局合理，精心设计及施工，古村与自然环境和谐统一，以山为本、以水为魂的山水田园特色显著，其选址布局、建筑风格也体现出“负阴抱阳”的堪舆文化，堪称中国古村落建筑史上的一大奇迹。从高处俯视，可以看见向村外发射的八条街巷，把整个村庄分割成大小八块，街巷互连，巷巷相通，使村落形成二圳三街九十九巷，即一个完整的九宫内八卦。呈坎因此成为一个自然八卦和人文八卦有机融合、空间形态和意识形态完美合璧的，宛如迷宫般的神秘村落。为凸显呈坎传统文化特色，在下屋新建了易经八卦博物馆，重点介绍堪舆文化及其对呈坎古村的影响（图2-4、图2-5）。

图2-4　呈坎村鸟瞰

图2-5　呈坎村祠堂

（三）宗族聚居的建筑形态

徽州作为典型的传统宗法制度传承地，为宗法制度的发扬提供了平台。历史上三次人口南迁为徽州带来很多中原人，其中部分氏族具有严格的宗法制度和宗法组织，为了生存需要和文化传承，中原贵族采取了各种措施来维护原有的宗法制度。所以，尊祖敬宗、提倡孝道、重视门第逐渐成为徽州社会的主导思想。到了宋代，徽州人受程朱理学思想影响尤为深远，家谱、祠堂、家族财产成为尊祖敬宗必要的物质基础。

徽州村落中，围合空间的中心大多为祠堂等公共建筑。徽州村落建筑基本都以宗祠为活动中心和精神中心展开布局，形成聚合状的村落组团空间。祠堂的形态、尺度和布局，主要受两方面因素影响。首先是"家国同构"观念的影响。祠堂作为宗族的精神支撑，同宫殿坛庙显示王权的作用类似。我们看到，徽州祠堂很大程度借鉴了宫廷建筑的手法，如对称布局、强调纵深秩序，或一字形展开显其宏阔。祠堂往往是村落中最宏阔华美的建筑，很多祠堂前辟有较大公共活动空间，形成广场。其次是堪舆观念的影响。祠堂的营造被看成事关宗族发展的大事，为寻觅"风水宝地"，很多祠堂前有溪流环绕，或开一方堰月塘。高大雄伟、巍峨的祠堂和牌坊建筑，无时无刻不展示着宗族的荣耀和威严，为巩固宗族制度、加强宗族观念起到了重要作用。

宏村，又名泓村，位于黟县县城东北，距离县城10km，坐落于黟县盆地北缘，始建于南宋绍兴年间，距今已有800多年历史。据《宏村汪氏宗谱》记载："南宋绍兴间，雷岗带山场属戴氏产。幽谷茂林，蹊径茅塞，无所谓宏村。"南宋前期，歙县唐模汪氏有一支因遭火灾，举家迁往黟县十都奇墅湖。然而其中一支汪彦济难舍黟地山水秀丽，沿河而上，行至数里，见一地背有雷岗山，基地前环溪，在雷岗山一带购基建宅，此后便在这块土地上安居乐业，世代繁衍（图2-6）。宏村整个村落基本上坐北朝南，北倚雷岗山，东西分别为东山和石鼓山，南望吉阳山。村南地势开阔，处于山水环抱的中央，恰好是枕山、环水、面屏的理想之地。村落的形成与发展是由北向南逐步建设的过程，最初是在雷岗山选址（约1131—1403年），而后发展到以月沼为中心的大规模建设（1403—1607年），最终以修建南湖（约1607年）为标志，村落发展到鼎盛时期。

宏村在规划布局及营建的时候，突出强调了宗祠的决定性作用，确立了宗族礼制思想在村落规划中的核心地位。

首先，强调宗祠是规划布局的核心。祠堂是宗族的象征，神圣而不可侵犯。宗祠不仅是村民日常生活场所，更是村民的精神寄托，也是全村的标志性建筑。宗祠在徽州村落布局规划中位置极其重要，如宏村乐叙堂就位于整个村落的中轴线上。其次，强调宗祠是建筑群的核心。宏村乐叙堂作为全村的标志性建筑，形态最为高大，位于村落中心，显示出其统治地位。周边民居建筑围绕宗祠进行建设，且高度均不超过乐叙堂（图2-7、图2-8）。

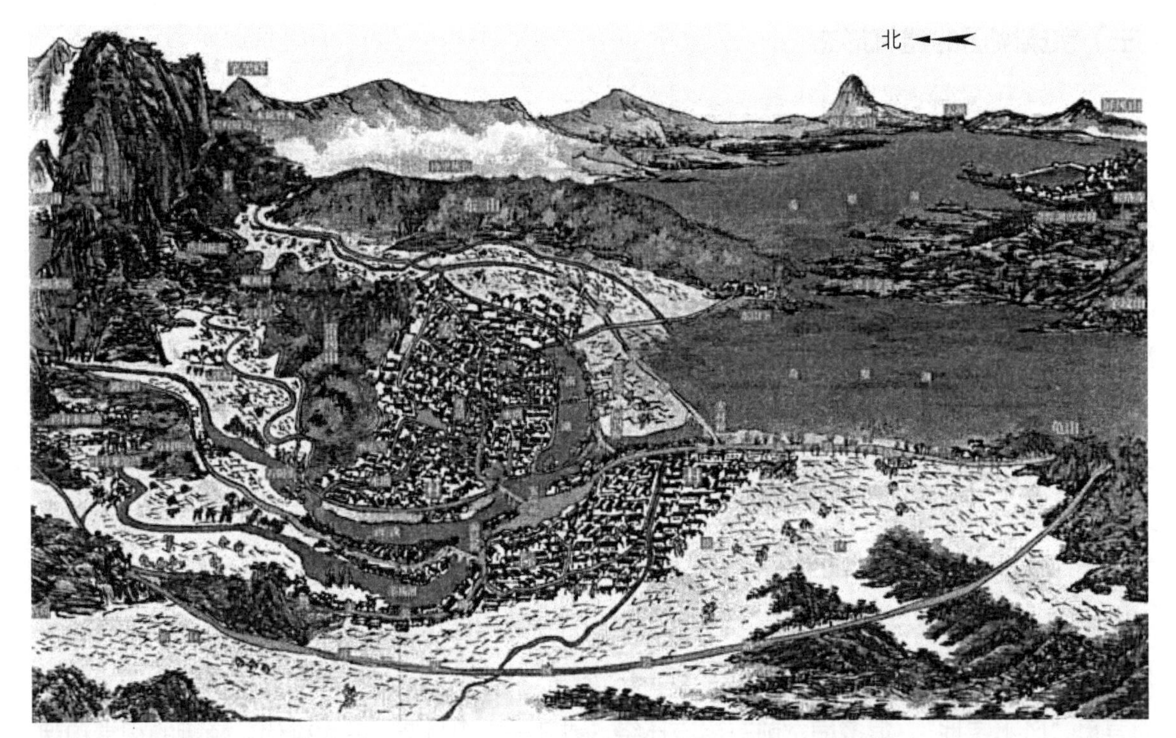

图2-6　宏村及周边景观鸟瞰（图片来源：单德启. 安徽民居［M］. 北京：中国建筑工业出版社，2009.）

图2-7　宏村乐叙堂

图2-8　宏村鸟瞰

宗祠是徽州村落中政治、经济与文化中心，是徽州宗族意识强烈的物质表现。对于徽州村民来说，宗祠的意义非凡，所以宗祠总是布置在村落中心，使村庄总体布局呈现自然生长的形态。徽州传统村落中祠堂数量众多，形态宏伟高大，位于村落中心位置，是民居建筑布局的前提，这些充分表达了徽州先民对封建宗族制度的敬畏和服从。这既是封建礼制教育的结果，也是封建社会维护社会稳定的基础。

（四）地域特征的建造技术

地域环境是影响建筑以及村落发展的重要因素。徽州地区气候湿热，夏季无酷暑，冬季无严寒，地形以山地和丘陵为主，北依黄山，南邻群山，植被丰富，降雨丰沛但分布不均。为迎合这一特定地理气候，结合当地积淀下来的历史文化，形成了有地域特征的徽州传统建筑，以及特殊的建造技术。

在布局朝向上，徽州传统建筑一般大门朝南，建造时，北墙不开门或开小门，实际上是对我国位于北半球的地理和位于季风区的气候的适应。当冬季盛行寒冷的偏北风时，强劲的寒风不易进入，从而有利于室内暖气聚集。夏季太阳高度角大，室内不易被照射，避免室内温度升高；冬季太阳高度角小，阳光可以照射进室内，有利于提高室温。门向朝南，同时还有利于夏季东南风或南风进入室内，加上天井或后门的配合，可以形成穿堂风，既可带走潮气，又可解闷祛热。因为平地有限，所以建筑用地极为节省，多顺应地势，自由布置，或前后递进，或左右相连，巷道狭窄，土地利用率极高。除此之外，徽州传统建筑多为两层，外墙挑出短檐或者几乎不挑檐，以利于房屋之间的连接，节约土地。

在建筑材料方面，徽州地区盛产松、杉、柏、椿等优质木材，又产桐油、生漆等天然涂料，群山之间不乏适合烧砖制瓦的黏土和包括石灰石在内的各种石材，又有大量烧制砖瓦和石灰所需的薪柴。在这样的地理环境条件下，徽州传统建筑以当地出产的青砖、黛瓦、木材、石灰、块石等材料建造，墙基块石垒就，外墙青砖叠砌，灰泥接缝，灰浆粉刷，屋面覆盖黛瓦，里面柱、梁、椽、檩乃至楼板、内壁隔墙，以木材为主。

在建筑结构方面，为了排水和防潮，徽派传统建筑做了巧妙的技术处理。外墙砖石材料，灰浆粉刷，防潮抗腐。里面多为两层木结构，木柱架在石础上，柱上架檩，檩上架椽，柱子之间以穿枋或斗枋相接，既能保证屋架的稳定，又有木质构件与地面直接接触，利于防潮防腐，通风透气性好。为了提高外墙门窗和墙体的抗腐防潮性能，外墙门框、窗框多用砖石砌成，门楣、窗楣上砌有石质或砖质楣罩，山墙上有瓦顶，前后墙有短檐。徽州传统建筑的楼上和楼下分间常不一致，有时楼上分间的支柱点楼下无柱支撑，楼上支柱立于梁枋上，这是其他建筑中少见的。砖木结构的房屋防火性能差，为了防火，外墙采用高墙封闭式，石（砖）质窗框、窗门，石（砖）质门框、“砖钉门”（木门铁皮包沿，朝外一侧用铁钉固定一层水磨青砖）（图2-9），连幢住宅之间虽家家相通，但又相对独立，外墙之间设防火道，一家失火，邻里关闭门窗即可安然无恙。

图2-9 砖钉门

二、徽州传统建筑空间的现代宜居性

徽州传统建筑，是我国建筑大家族中的重要组成部分。其特有建筑形式的产生和发展，是社会、经济、文化、自然等因素影响的综合反映。发展至今，有其必然性。仔细研究，可以发现其中蕴含着很多朴素的自然生态观、原生的低能耗技术思想和传统建筑技术的精华。

（一）功能空间的现代宜居性

徽州传统建筑都注重利用自然条件，结合地势，与自然和谐相宜，节约用地。如山地地区，建筑多顺势而建，高低错落；水乡建筑多与河道密切结合。这与现代绿色建筑体系中的自然观是一致的。利用自然地形，不必平整场地，不仅减少了土方量，还节能。在建筑技术与构造、空间设计、平面布局上节约能源，充分利用自然资源。徽州传统建筑中的许多自然通风措施，顺应自然、自动调节。徽州传统建筑房间多进深较大，厅宽且高，门与窗、窗与窗尽可能对齐，形成穿堂风，使空气对流而带走热量。建筑一般都采用檐口伸出或遮阳处理，利用建筑物的阴影，减少因太阳直射而引起的温度上升。有时还设回廊，形成凉爽区域。建筑内部、房间之间，采用活动式屏门、隔扇，使内部空间开敞、通透，利于空气流通。

徽州传统建筑多采用天井、厅堂、通廊与侧庭院相结合的布局方式组织通风。天井既是引风口，又是出风口。风从天井吹向厅堂，进入通道，从后天井或侧庭院回归自然。如果天气异常炎热、风力轻微，天井在阳光暴晒下，热空气不断上升（即所谓“拔气”作用），而两侧厝巷的冷却空气就通过通道向天井不断补充，形成空气对流，从而降温。这种通风系统与堂屋、高窗和屋门间气流相通，形成良好的“穿堂风”，以达到夏季自然降温的目的，既自然调节了小气候，又不耗能，也不产生污染，这是现代人工空调技术无法做到的。传统建筑虽然都有相对“简陋”的一面，但都很重视将自然引入狭小的空间，平面的、立体的，手法多种多样。如喜欢在庭院或天井中开辟花园果圃，培育自然生物；又如温暖地区，经常在墙上种植爬山虎等植物，形成立体绿化；还有在屋面形成栽植屋顶的。一方面，它们美化了环境，呈现出一种绿色的生命力；另一方面，可改善环境及小气候，是“绿色”建筑的一种最简便经济的空气调节技术与表现形式。很多建筑在院内或周围辟水面，在天井内设水池，也能起到降温保湿的作用。

传统建筑形式中有很多与低能耗建筑技术体系相一致的思想、技术及手法，能很好地达到节能与保护环境的目的。但由于受客观条件所限（如经济、观念、科技水平等），也存在着大量问题。如今传统建筑居住条件大多不尽如人意。社会、时代在前进，生活方式在改变，科技的发展速度也远非过去所能比拟，这为传统建筑宜居性活化提供了技术上的可能性和可行性。

在宜居性活化中可考虑利用立体绿化（底层庭院、各层平台、屋顶种植、温室、墙面）技术结合自然条件和气候特征，使其更加完善。传统建筑中的穿堂风、内天井、四合院等空间布局手法，可自动调节室内小气候，应加以借鉴。太阳能、风能、土壤蓄能、废弃物焚化能、沼气能等的利用技术，可以改变传统能源消耗结构，减少环境污染，如太阳能可转化为热能（太阳能集热器、太阳能灶、太阳能热水器），还可转化为电能（太阳能电池板）。现代除湿防潮技术，可改善传统建筑的居住条件。新型建筑围护结构、新型多功能建筑节能材料也可考虑应用于传统建筑，并借鉴传统建筑就地取材的经验进行完善与提高（包括建筑的布局，平面、空间设计）。

（二）结构构造的现代宜居性

1. 围护构件的保温隔热

建筑自古以来便是耗能大户。为保证使用者的舒适性，建筑在使用过程中往往采用附加能源的方式来人工调节建筑内部环境，而由此带来的往往是建筑能源消耗的最大部分。

（1）墙体

建筑围护构造中，外墙的热传导是最多的。徽州传统建筑的外墙一般采用空斗墙，外刷白灰，在空斗墙内多做吸壁樘板以防盗并保持整洁，吸壁樘板上刷桐油或贴墙纸。这样一来，仅空斗墙与如今的240mm实心墙相比，热传导降低就很明显，吸壁樘板的采用更是加强了这一效果：吸壁樘板与空斗墙之间形成一层空气夹层，空气夹层与阁楼的气窗相连，夏季夜晚的室内热量通过气窗可以很快散掉（其保温隔热类似于“双层皮”幕墙）。这种调节室内温度的方式与如今的240mm实心墙相比，生态效果十分明显。从构造类别来看，与现代建筑相比，这种木构体系没有构造柱与圈梁所形成的“热桥效应”，对保温隔热显然也是十分有利的。

（2）屋顶与天花

屋顶与天花的构造也是影响围护结构总体热工性能的关键因素之一。徽州传统建筑的屋顶通常主要由盖瓦与瓦下望砖构成（图2-10），望砖与盖瓦之间也有一个空气夹层，还可以加强保温隔热性能。据夏季直射阳光下的现场测试数据（表2-1），同时间内盖瓦与望砖的温差达10℃左右。天花如上文所提及的，常做得比较高敞，做一层“彻上明造”的明架天花，不仅加强了通风效果，还获得一个空气夹层。由此可见，这种构造形式的保温隔热性能超群。

图2-10　徽州墙体

清华大学对徽州传统建筑夏季室内热环境模拟的测试数据　　表 2-1

项目	材料	k/[W/（m²·K）]	R/[（m²·K）/W]
外墙	薄砖空心夹土墙	0.89	1.48
地面	三合土地面	3.62	0.03
内墙	薄木板结构	1.11	0.625
楼板	较厚楼板结构	0.741	0.625
屋顶	青瓦+望砖	0.58	0.47

（3）地面

徽州传统建筑的地面根据使用功能的不同而分别使用不同的材料，一般在堂屋用三合土或地砖，在卧室等处用木地板，高出堂屋地面约300mm，设置带通风口的踢脚板，也形成一层空气夹层，不仅保温隔热，还能防潮。

（4）色彩

建筑的围护节能还体现在其外面所施的色彩上。许多人都知道徽州建筑的一大特色就是“粉墙黛瓦”，所谓粉墙就是白墙面（图2-11）。徽州传统建筑选择白墙不仅有美学与封建等级制度影响的原因，还有色彩对太阳光的反射率的差异。据研究测算，白色表面（设定太阳能吸收率为0.2）与深色表面相比（设定太阳能吸收率为0.8），在夏季能降低室温1～2℃。

图2-11　呈坎村建筑白墙面

2. 稳固耐久性

徽州传统建筑多为穿斗式木构架，其结构体系采用木梁和木柱承重，墙体仅起到围护、分隔和连接的作用，其传力途径由屋面、梁柱、柱础至地基。中国传统木构方式自身具备良好的抗震性能，其结构每一节点都允许少量松动，于是能逐点吸收地震能量，这就是在地震时能够

“墙倒屋不塌”的原因。此外，还在其砖墙和屋内周边立柱之间采用连接构件，以增强墙体的整体稳定性。

事物都具有两面性，木构体系也不例外。木构体系有抗震、柔韧性强等优点，但它也有易腐、易受虫蛀而耐久性较差等缺点，在建筑中采取保护措施十分必要，例如徽州的宝纶阁在各构件上采用油漆彩画等技法，既保护了木构件，又起到了很好的装饰作用（图2-12）。

图2-12　木构架的彩画

3. 建造技术中的防火技术

建筑防火从古至今一直是人们注重的问题。徽州传统建筑的防火技术对中国传统建筑有着很重要的贡献。

据《徽州府志》记载，明代徽州府城常发生火灾，其原因是“府城中地窄民稠，楼宇若鱼鳞，然又无火墙以防御之，其至支火患无怪也”。由此记载推测，封火山墙（图2-13）技术的出现不晚于明代。高密度的聚居使得城镇内部空间非常拥挤。街巷窄小，建筑彼此相连，一旦失火，就会蔓延成一大片。封火山墙技术是在屡次火灾教训中获得的经验。它是将一宅内不同功能的两进之间的分隔墙，或不同宅间的分隔山墙，砌筑成高出屋脊或屋檐的处理方法。它利用了砖墙自身优良的防火性能，“（外）墙垣皆砖，以备火患”。外墙在砌筑时，常采用“一顺一顶一眠”的空斗墙，并且外墙与内部木构架之间留有一定的空隙，砖墙的外表面涂刷白垩（石灰浆），其做法“用纸筋石灰，有好事取其光腻，用白蜡磨打者。……并上好石灰少许打底，再加少许石灰盖面，以麻帚轻擦，自然明亮鉴人。”形成四周封闭的耐火保护层，用来保护内部木构架。一方面，避免屋外火攻，烧着内部木构架；另一方面，即使一户室内木构架着火，也不会发生“火烧连营”的危险。

在防火、灭火的实践中，对于易燃的木料来讲，首先，要在使用过程中把人可能会接触到的木料与空气隔绝，防患于未然。常采取的措施就是将木料用黏土或砖“包”起来，这样既增加了热阻，又隔绝了空气。例如，徽州传统建筑的大门常做两层以上，里面是木料，外层包砖，一方

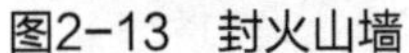
图2-13　封火山墙

图2-14　传统建筑大门及院内水缸

面是为了安全，另一方面是满足防火的需要。再者，水对徽州传统建筑的消防作用也是巨大的，如利用沟渠水道，院落内常设置太平缸等（图2-14）。

三、徽州传统建筑现代宜居性评估指标体系研究

（一）评价原则

遴选评价指标的过程要兼顾建筑学、民俗学、经济学、评价学等众多学科，因此要选取评价指标，并制定出徽州传统建筑现代宜居性评价体系，一定要遵循跨学科的多层次的选取原则。

1．以人为本的原则

宜居的核心是“人”，宜居性建设的目的是满足“人”的需要。人既是人居环境的参与者、创建者，又是人居环境的管理者、感受者，选取的指标应充分体现与人类居住、生活相关的要素。

2．整体性与协调性的原则

评价指标体系是一个多功能层层叠加的复杂系统，每个单一指标都要对徽州传统建筑现代宜居性评价体系的某一项功能产生影响。因而各层级指标内部应该是相互协调和动态变化的。在选择评价指标时，要考虑指标层级之间自上而下、由下到上的协调性。

3．专业性的原则

选取评价指标时，应严格按照层次分析法的步骤进行，筛选出有效的调查问卷，并对已获取的打分数据进行一致性检验，核验权重结果以确保获取的指标准确无误。另外，还要确保咨询专家的可靠性、专业性和高水平。

（二）指标体系构建

本书在评价指标的选取和指标目标值的确定方面遵循科学性原则、系统性原则、全面性原则、可比性原则和可操作性原则。在梳理现有相关研究成果的基础上，首先，通过理论分析法，以我国《住宅性能评定标准》GB/T 50362—2022、《健康住宅建设技术要点》等（表2-2）作为评价理论依据。其次，通过德尔菲法以专家打分的方式筛选指标和目标值，构建出包括6个一级指标、16个二级指标、43个三级指标及对应目标值的乡村振兴评价指标体系。指标设置涵盖了营造技艺、功能适用、自然环境、人文风俗、安全因素、经济性能六个层面；目标值的设置力求符合徽州传统建筑现代宜居性评价的实际情况（表2-3）。

参考规范　　表2-2

参考文件	评价内容
《住宅性能评定标准》GB/T 50362—2022	适用、环境、经济、安全、耐久
《健康住宅建设技术要点》（2004年版）	居住环境、社会环境
《古建筑修建工程施工与质量验收规范》JGJ 159—2008	材料质量、木柱制作、梁类构件、屋脊及其饰件、彩画及雕塑、防火防潮防虫防腐
《健康住宅评价标准》T/CECS 462—2017	湿热适宜、空气清洁、用水安全、环境安静、光照良好、空间舒适、健康促进

徽州传统建筑现代宜居性评价指标体系　　表2-3

<table>
<tr><th>一级指标</th><th>二级指标</th><th>三级指标</th></tr>
<tr><td rowspan="6">营造技艺</td><td rowspan="2">建筑施工</td><td>传统施工技巧</td></tr>
<tr><td>传统构造措施</td></tr>
<tr><td rowspan="2">建筑装饰</td><td>装饰构件完好</td></tr>
<tr><td>彩画与雕刻</td></tr>
<tr><td rowspan="2">建筑材料</td><td>传统材料应用与优化</td></tr>
<tr><td>现代新材料的应用</td></tr>
<tr><td rowspan="9">功能适用</td><td rowspan="3">建筑布局</td><td>平面布局</td></tr>
<tr><td>空间比例与尺度</td></tr>
<tr><td>建筑排列方式</td></tr>
<tr><td rowspan="3">室内环境</td><td>室内卫生</td></tr>
<tr><td>通风与采光</td></tr>
<tr><td>房屋隔热与保温</td></tr>
<tr><td rowspan="3">室内设备与设施</td><td>厨具、卫具设置</td></tr>
<tr><td>给水排水、管线与电路设置</td></tr>
<tr><td>通信、网络系统</td></tr>
</table>

续表

一级指标	二级指标	三级指标
自然环境	院落环境	天井、内院的合理布置
		院落排水条件
		院落卫生条件
	村落环境	村落内部景观
		村落卫生条件
	村落周边环境	村落附近交通条件
		周边景观环境
人文风俗	文化与风俗	宗族文化
		堪舆元素
	人力因素	家族传承完整度
		房屋常住人口数
安全因素	结构安全	建筑物保存完好度
		结构营造质量
		建筑物基础是否牢固
	防火安全	建筑耐火性能
		建筑防火措施
		室内设备防火安全
经济性能	建造经济	窗地面积比
		门窗质量
		门窗密闭性
		门窗造价及相关费用
	材料经济	传统建材应用便捷性
		传统建材应用合理性
		传统建材造价及相关费用
	设备经济	室内照明设施应用
		现代化电气设备应用
		供热除湿装置应用
		设备设施造价及相关费用

（三）指标权重

1. 运用德尔菲专家咨询法计算权重

对于徽州传统建筑现代宜居性评价指标的选择，应兼顾两方面要求：一是要对传统建筑的宜居性有相应要求；二是要与时俱进，并尊重历史。若靠个人判断确立评价指标，会大大降低评价指标的可信度。为提高可靠性，特采用德尔菲法——通过向相关专业专家发放问卷，征询专业意见以完善评价指标体系。德尔菲法是一种决策、预测和技术咨询的有效方法，它可以通过征求和汇集成员的意见而对复杂决策问题作出判断。

由于本书是以徽州传统建筑作为评价对象，所以邀请的专家均为对徽州传统建筑史非常熟悉，或长期从事相关工作的专业人士。问卷发放对象的范围主要为对徽州传统建筑、徽州文化较为了解的长三角地区——安徽省、江苏省、浙江省以及周边江西省的高校建筑学相关专业教授，徽派建筑、乡土建筑领域专家和建筑领域专业技术人员。

2. 运用层次分析法计算权重

为建立完整的评价体系，需构建相应的层次模型，即将研究的现代宜居性问题按不同属性拆分成各个部分，并按照所属关系分出不同的层级，各层级分别是上一层级的细化分解，同时也是下一层级的主导支配。最高层级只有目标层级一个，中间的层级分别是所属层级的判断依据。本次研究的评价指标层次结构如下：

目标层级：A层，评价体系唯一目标——徽州传统建筑的现代宜居性评价。

一级层级：B层，共6项评价指标，包括营造技艺、功能适用、自然环境、人文风俗、安全因素和经济性能，为本次研究点准则层级。

二级层级：C层，为本次研究的要素层级，共包含与一级层级对应的16个评价指标。

三级层级：D层，为本次研究的指标层级，共包含与二级层级对应的43个相关指标。依照本书的评价指标体系，首先构造了三级层次结构模型。针对每一个层次，构建了判断矩阵，并采用德尔菲专家咨询法由专家进行对比判断。随后，基于专家给出的判断矩阵，将先后向专家发放多轮问卷，共计三类：一类问卷用于汇总专家信息，构建专家信息库；二类问卷用于筛选评价指标，当专家反馈意见趋于一致时，即为最终有效的评价指标，并根据二类问卷结果设计三类问卷；三类问卷用于已建立的评价指标体系中各指标的权重赋值，专家依据自身实践与经验对同一层级各指标的相对重要程度进行判断，经一致性检验，得出准确的权重数值，将权重值与指标结合，形成最终的评价体系。

3. 德尔菲咨询——层次分析定权法

德尔菲咨询——层次分析定权法的工作程序如图2-15所示。

专家对徽州传统建筑的现代宜居性问题进行定性分析，并给出定量结果，这些结果还需要进行进一步的计算，以求取最终的一致意见，如公式（2-1）所示：

$$a_j=\sum_{i=1}^{n}(a_{ji})/n \qquad j=1,\ 2,\ \cdots,\ m \qquad (2\text{-}1)$$

为满足数据使用习惯，要求数据进行归一化处理，如公式（2-2）：

$$a_j=a_j/\sum_{j=1}^{m}(a_j) \qquad (2\text{-}2)$$

其中n表示专家数量；m代表评价指标数量；a_j代表第j个指标的权值平值；a_{ji}代表第i位专家为第j个指标权值打的分数。

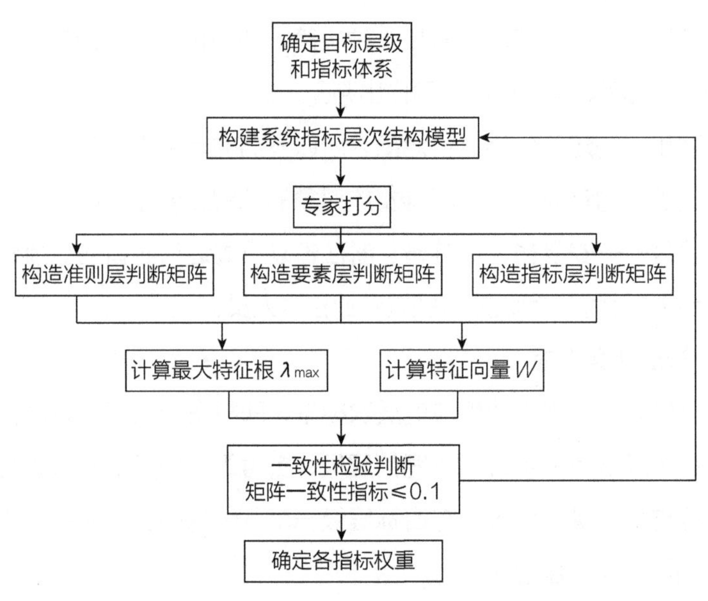

图2-15　德尔菲咨询——层次分析定权法的工作程序

（四）评价标准

经过判断矩阵陈列、权重计算及一致性检验，整理各评价指标相对上一层级的权重数值，建立最终的徽州传统建筑现代宜居性评价体系，如表2-4所示。

徽州传统建筑现代宜居性评价体系权重　　表 2-4

项目	权重1	要素层项目	权重2	对总目标权重1	标准层项目	权重3	对总目标权重2
营造技艺A	0.1477	建筑施工A1	0.6333	0.0935	传统施工技巧A1a	0.2500	0.0234
					传统构造措施A1b	0.7500	0.0701
		建筑装饰A2	0.1062	0.0157	装饰构件完好A2a	0.7500	0.0118
					彩画与雕刻A2b	0.2500	0.0039
		建筑材料A3	0.2605	0.0385	传统材料应用与优化A3a	0.7500	0.0289
					现代新材料的应用A3b	0.2500	0.0096
功能适用B	0.3302	建筑布局B1	0.1062	0.0351	平面布局B1a	0.2605	0.0091
					空间比例与尺度B1b	0.6333	0.0222
					建筑排列方式B1c	0.1062	0.0037
		室内环境B2	0.2605	0.0860	室内卫生B2a	0.1699	0.0146
					通风与采光B2b	0.3873	0.0333
					房屋隔热与保温B2c	0.4428	0.0381
		室内设备与设施B3	0.6333	0.2091	厨具、卫具设置B3a	0.1062	0.0222
					给水排水、管线与电路设置B3b	0.6333	0.1324
					通信、网络系统B3c	0.2605	0.0544

续表

项目	权重1	要素层项目	权重2	对总目标权重1	标准层项目	权重3	对总目标权重2
自然环境C	0.0599	院落环境C1	0.6333	0.0379	天井、内院的合理布置C1a	0.2605	0.0099
					院落排水条件C1b	0.1062	0.0040
					院落卫生条件C1c	0.6333	0.0240
		村落环境C2	0.2605	0.0156	村落内部景观C2a	0.2500	0.0039
					村落卫生条件C2b	0.7500	0.0117
		村落周边环境C3	0.1062	0.0064	村落附近交通条件C3a	0.7500	0.0048
					周边景观环境C3b	0.2500	0.0016
人文风俗D	0.0381	文化与风俗D1	0.2500	0.0095	宗族文化D1a	0.7500	0.0071
					堪舆元素D1b	0.2500	0.0024
		人力因素D2	0.7500	0.0286	家族传承完整度D2a	0.6667	0.0191
					房屋常住人口数D2b	0.3333	0.0095
安全因素E	0.3302	结构安全E1	0.7500	0.2477	建筑物保存完好度E1a	0.1062	0.0263
					结构营造质量E1b	0.2605	0.0660
					建筑物基础是否牢固E1c	0.6333	0.1569
		防火安全E2	0.2500	0.0826	建筑耐火性能E2a	0.6333	0.0523
					建筑防火措施E2b	0.1062	0.0087
					室内设备防火安全E2c	0.2605	0.0215
经济性能F	0.0940	建造经济F1	0.6333	0.0595	窗地面积比F1a	0.0675	0.0040
					门窗质量F1b	0.3908	0.0233
					门窗密闭性F1c	0.3908	0.0233
					门窗造价及相关费用F1d	0.1509	0.0090
		材料经济F2	0.1062	0.0100	传统建材应用便捷性F2a	0.2605	0.0026
					传统建材应用合理性F2b	0.6333	0.0063
					传统建材造价及相关费用F2c	0.1062	0.0011
		设备经济F3	0.2605	0.0245	室内照明设施应用F3a	0.1509	0.0037
					现代化电气设备应用F3b	0.3908	0.0096
					供热除湿装置应用F3c	0.0675	0.0017
					设备设施造价及相关费用F3d	0.3908	0.0096

选取徽州传统建筑评价样本时，应具有广泛的代表性，从传统建筑样式、规格、布局、材料、环境、人文等多方面综合考虑其典型性，评价后得出的结果可信度也会比较高。安徽省黄山市祁门县东街、西街是比较典型的徽州传统建筑汇聚的历史文化保护街区，选取此地的传统建筑作为评价样本，可以充分体现实例的代表性与评价结果的可信度。

（五）徽州传统民居评价样本——西街谢家大屋

1. 历史沿革

黄山市祁门县西街谢家大屋（图2-16），建于明代末期，至今已有400余年的历史。建筑层高为两层，初建时原为四进院落，现为两进，总建筑面积达到1000m^2，宅居内至今还保留着装饰精美的徽州三雕雕刻和清朝御赐牌匾等文物。2018年，谢家厅（谢家大屋）被黄山市政府公布为县级文物保护单位。

图2-16　谢家大屋

2. 建筑状态

据谢家大屋屋主介绍，大屋初次建造时间为明代末期，传至今日，已经历20余代。由于年代久远，原始的房屋性能已无法满足不断变化的生产生活需求。所以，大屋已被几代传承人进行了前后数次整修，包括对传统建筑材料如清代青瓦、青砖以及木质门窗的更换，地面凹陷破损铺装的置换，室内现代化设备设施的添置等。谢家大屋在建筑结构上，采用徽州传统建筑中的叠梁式和穿斗式结合的木构体系，其中厅堂为获得较大的空间采用叠梁式，而生活起居部分采用穿斗式。据主人介绍，每隔一段时间他都会对主要结构进行检修与维护，以保证安全；大屋内部还有诸多精美且保存完好的历史文物与装饰构件（图2-17），数年来，已吸引了无数国内外游客和学者至此观赏研究。

3. 外部环境

主街区整体环境尚可，石板路面平整干净，但街区中心绿化较少，垃圾站点的放置存在问题（图2-18），部分住户的交通工具随处摆放，阻碍交通。有些住户通过在自家宅院周围种植花草，营造了良好的景观环境。

图2-17　门楼砖雕

图2-18　街区主路环境

4. 现存问题

通过实地调研，获取徽州传统建筑评价样本和周边环境的基本信息，从建筑自身基础、结构、装饰、材料、天井院落、自然环境、设备设施、建筑热环境、住户意识、人文环境等方面整理出各类问题5项，如下：

1）从建筑群体保存程度的角度来看，大量留存的传统民居没有得到较好的修缮，无人居住、荒废的比较多。

2）受传统民居墙体风化、天井院落以及传统门窗构件密闭性的影响，房屋整体的保温隔热效果普遍较差，冬季室内温度较低，不适宜居住。

3）留存的传统民居与村镇主街道、集市的距离较近，虽然给生活上带来诸多方便，但是嘈杂的外部环境也令住户们十分苦恼。

4）现存的传统建筑保存完好度普遍较低，有些老建筑已被拆除；有些建筑的框架形制虽得到保留，但经历多次翻新，整体的传统风貌已不复存在；传统建筑和现代新建民宅同时存在，严重影响历史文化街区的整体风貌。

5）街区未设置垃圾站标识，居民随意堆放垃圾情况严重；院落周边绿植种植较多，住户普遍拥有对自身院落的美化意识，但是主体街区的中心绿化较少；冬季受环境限制较为荒凉，夏季街区风貌稍好。

（六）结果分析

徽州传统建筑现代宜居性更新的最终受益人群是传统建筑的居住者们，因而本次调研选择对住户进行实地咨询。对于可量化的数据，可通过实地调研获取；而不可量化的数据，则需通过对户主及周边邻里（3人）口述打分进行统计；另发放3份配以徽州传统建筑调研实拍照片的专家问卷进行远程咨询，最终整理出两方面来源的评分结果，选取每个指标人数最多的分数为最终评价分数，再进行综合考量。

根据专家咨询法得出指标权重后，加权打分公式（2-3）如下：

$$X=\sum_{i=1}^{n} W_i X_i \tag{2-3}$$

其中，W_i为指标权重值；n为指标数量；X_i为指标评价分数。

根据上述公式和评价权重，计算评价得分，如表2-5所示。

依据表2-5对西街谢家大屋进行的评价打分操作，对该传统建筑提出的改进策略如下：

1）确保传统民居的居住安全

安全因素评分是谢家大屋现代宜居性评价中最高的，但仍要把提高安全性能放在传统建筑现代宜居性更新措施的首位。传统建筑安全性能主要包括三个方面，分别是结构安全、装修安

西街谢家大屋评价体系权重评分　　表 2-5

一级指标	二级指标	权重得分	总得分	权重得分
营造技艺A	建筑施工A1	4	10.5	3.6478
	建筑装饰A2	3.75		
	建筑材料A3	2.75		
功能适用B	建筑布局B1	3.5271	10.1194	3.3074
	室内环境B2	3.3318		
	室内设备与设施B3	3.2605		
自然环境C	院落环境C1	2.1062	11.6062	3.0757
	村落环境C2	4.75		
	村落周边环境C3	4.75		
人文风俗D	文化与风俗D1	3.75	7.75	3.9375
	人力因素D2	4		
安全因素E	结构安全E1	4.6333	7.1062	4.0932
	防火安全E2	2.4729		
经济性能F	建造经济F1	3.6092	9.5829	3.3619
	材料经济F2	3.1062		
	设备经济F3	2.8675		

全以及设备安全。徽州传统建筑采用传统的木结构体系，需要进行定期维护；对于破损严重且威胁安全的结构构件，应及时替换；对于损坏程度不严重的构件，应及时进行固定维修，以保证正常承重功能；室内装修应尽量采用健康的、不易燃的建筑材料；同时，使用安全质量过关的电线、插座以及厨房用具等。

2）提升传统建筑的保护意识

人文风俗评分排在准则层指标中的第二位，说明谢家大屋住户和周边邻居普遍拥有传统建筑保护意识以及现代宜居性更新的意识。谢家大屋作为县级历史文物保护单位，民众对其保护意识自然强于普通徽州传统建筑。政府及有关部门应在未来施以合理引导，以避免民众仅因自身利益或传统建筑保护意识薄弱而进行破坏性大拆大建的行为。建议住户了解传统建筑营建的相关知识，提高传统建筑保护意识，这样不仅方便自主进行建筑修复，也能从根本上保证传统建筑文化的传承与发扬。

3）保护传统民居的营造技艺

谢家大屋的营造技艺评价得分较为理想，建议继续保持。有关传统建筑营造技艺自我保护的建议如下：①该建筑位于传统历史文化街区——祁门西街，因而不应该破坏建筑的整体外观，在后期改动过程中，建议不要在建筑周围构建类似于阳光房的空间或在天井遮盖挡板，以免改变建筑外观；②对传统建筑进行宜居性更新修缮时，建议购买质量合格的建筑材料，以保证传统建筑外观及质量。

4）提高传统民居的经济性能

经济性能评价得分虽处于合格线以上，但在准则层指标中排位靠后，所以传统建筑的宜居性更新过程中，应多注意对建筑材料、设备设施和清洁能源的选择。建筑材料要选择经久耐用的材料，还要确保舒适性；设备设施应尽量使用环保、节能、能够充分利用能源的设备。

5）更新传统民居的适用模式

功能适用评价得分较低，说明传统建筑的某些布局样式于当今社会已经无法完全适用。徽州传统建筑的样式沿用至今，自有其固有的存在道理。对于徽州传统建筑的相关研究应尊重这种传统建筑布局样式，并挖掘其中的潜力：①优化徽州传统建筑平面功能，满足民众日益提升的生产生活需求；②拓展传统建筑空间布局形式中的有效资源，提高空间利用率。

6）改善传统民居的自然环境

自然环境得分略微高于合格线，在6项准则层指标中排位垫底。祁门西街作为历史文化街区，其外部自然环境和街区整体风貌都得到了一定程度的整体保护，但小到徽州传统建筑内部天井、院落环境，大到徽州传统村落、乡镇局部至整体环境中仍然存在问题，亟待改善。卫生方面，垃圾的放置和处理随意，严重降低了民众生活质量；村镇外部交通条件滞后，导致居民生产生活与现代化进程严重脱节。随着乡村振兴战略的提出，乡镇人居环境整治问题已经提上日程，徽州传统建筑内部的环境整治还是要依靠提升民众的传统建筑保护意识来实现。

第三章

徽州传统建筑活化策略

源于结构性衰退的功能落后使得皖南地区传统村落渐渐跟不上现代化发展的步伐，随之而产生的一系列问题，如毁坏、老化乃至最后的空心化都是我们最不愿意看到的情景。但是面对功能的老化、生活的不便，使得人们留在老屋大多是出于对老屋的依赖或是其经济利益。为了维系传统历史氛围，仅仅以“控制”建设行为和功能转换为手段已无法做到真正的保护。因此，对于传统村落的活化正是需要充分研究其村落空间形态与结构功能，提炼出其特色符号并对发展趋势进行前瞻性预测。从适应村落的功能入手，通过内部街巷空间的再组织，在不破坏原有功能结构的基础上，对旧的村落形态、结构形态进行基于原有社会和经济基础的整合，保持和完善其中不断形成的合理成分，同时引进新的机制，进而使其内在功能合理调整。通过一系列自上而下的活化措施，使得传统村落的整体功能能够适应并满足新的生活需求，这也是研究活化的意义所在。

一、现代宜居活化原则

与城市的喧嚣与杂乱对比，传统村落的特点在于其空间尺度较小，功能较单一，能够给人宁静与宜人的空间感知。村落功能正是基于对村落空间格局的保护，包括周围的自然地理环境、用地布局、视线景观控制等。其中，自然地理环境的保护对于整体村落格局具有背景支撑作用。应该从村落整体风貌协调的角度，注重对周边地形、地貌、植被、河流等构成的自然景观的各个要素的预先考虑，使村落与周边自然山水、田野、植被等相互融合，保留周边环境原有的自然价值和特色景观风貌。新建建筑及设施如果不是建筑质量低劣的，影响传统格局的，多能与整体环境达成协调，因为其建筑形式、形态及功能也或多或少具备当地传统的建筑特征，这些归因于文化以及观念传承。在执行有机更新时，要注意维持原有的街巷空间的尺度变化，保护好现有的历史以及生活的氛围。只要善加引导，传统村落整体的乡土气息和历史韵味将更易打动人心。居民是与村落互动最密切的环境使用者，相对来去匆匆的游客，村落的发展若不能让居民产生凝聚力与认同感，将无法推动村落环境的可持续发展。因此，应鼓励居民参与村落更新改造，如成立自发性小区管理组织，建立管理公约、冲突管理机制，并形成共识。

（一）融合与整合

徽州建筑现代适用更新改造，要运用当地的材料和建造技术，降低建造成本，在强调挖掘徽州传统技术潜力的同时，吸收当代世界的科技成果，以是否符合徽州地区的自然环境、经济发展、人文特征等实际情况为标准，运用适宜的技术和材料，实现技术、材料、人文三方面的融合。

1. 地域性与现代化的融合

徽州建筑的改造再利用体现了现代化和时代性的特点。徽州传统建筑的技术与空间营造要体现徽州特色地域性，建筑的更新改造在文化上保留传统文化精髓的同时，接受现代生活方式和价值观念的转换，建筑技术也伴随空间改变不断更新。徽州建筑的现代适宜性改造必须融合现代化与地域性，强调建筑的与时俱进，促进徽州建筑的现代演进。

2. 适宜性与建筑技术的整合

从系统论的角度，建筑应集成生态、节能等特点，以实现综合、高效的功能。需考虑徽州地区的资源现状，应用国内外建造技术，重视低成本的本土技术，依托建筑空间，在材料构造、空间建构等方面实现建筑技术的集约适宜性应用。

3. 徽州文化与技术空间的统一

徽州建筑蕴含着丰富的人与自然的相处之道，将徽州建筑文化、传统工匠技艺、地域技术方法等，与提高建筑居住环境要求、现代建筑技术有机结合，融入现代生活，实现建筑更新改造过程中的整合提升。徽州建筑技术的适应性也体现在和徽州地域性的结合上。建筑空间依托特定的建筑技术与徽州文化相结合，互为支撑，相互整合，达到民居建筑空间、营建技术和徽州文化的统一。

（二）继承与创新

1. 空间创新

人们的生活方式在不断改变，建筑空间也应不断依据人们的习惯进行改进。传统建筑的更新改造是空间不断创新的过程。创新的建筑空间可以满足不同的居住需求，适应徽州村落人们生产生活的变化。重点注重厢房、厨房、储藏等的空间设计，强化建筑内部空间的划分与组合。注重建筑外部空间环境的设计，改善天井或庭院的空间关系，改变徽州建筑外部封闭的空间形式，探索建筑间组合关系的变化和空间效果的营建。空间是建筑的载体，空间的创新方可容纳现代的技术文明和徽州文化的复兴。

2. 技术更新

利用现代先进适宜的技术手段，基于人员的统筹协同，不断更新完善，探索新材料与新技术在徽州传统建筑中的应用。技术更新是现代适宜技术的应用型研究，亦是传承徽州传统建筑中的营建智慧的再利用研究。其重点是对技术的更新，在本土材料与营建技术上不断创造、摸索。注重自然环境、气候的有效利用，包括生土、阳光、雨水、风向等。注重加强徽州传统建筑的隔热、防潮、采光等功能，加强不同建设人员之间的协作，继承和利用传统的徽州匠人技艺。

3. **文化继承**

徽州地区以自然经济为基础，以农民个体家庭为生产生活单位的小农经济，形成了以血缘和地缘关系结合的徽州体系。徽州聚族而居，户与户之间独立，又相互关联。由徽州地区特有的居住形态演化而成的徽州文化，表现在徽州传统建筑空间中的地域特色，是符合自然气候、满足人们需求，现今仍然具有生命力。随着经济的发展，徽州文化的内涵在不断修正、更新、补充和完善。这是徽州文化和地域建筑创作的继承与复兴。可从当地材料入手，探索地域材料的现代建构。同时，应尊重徽州地域性的生活习惯，挖掘其中优秀的历史文化遗产。传统和历史均是徽州文化的养分，恪守根源，方可彰显地域性，而文化继承是徽州传统建筑现代适应性的出发点。

二、空间构建方法

（一）功能置换

依据徽州传统建筑居住者功能使用多样化的诉求，可以采用功能置换的手法，主要可分为功能延续型、功能替换型和功能扩展型（表3-1）。

1. **功能延续型**

功能延续型可分为置换原有功能和延续原有功能两种。置换原有功能，指对原有建筑内部格局与原有功能进行调整。在调研中发现，许多徽州传统建筑改造，虽然整体依旧延续原有的功能，但在各个功能单元中，存在着空间体量、形态、质量的改变，以及功能的重新组合、流线的重新组织等，不是简单的室内装修翻新，而是建筑设计整体的探索。延续原有功能，指保持建筑整体居住功能不变，对其内部功能进行改造，并引发空间、结构、材料等各方面的变化。呈坎村内有许多明清时期的建筑，其中不少还在居住，大多请专业人员对建筑内部重新进行了修缮、加固等延续了原有功能。

2. **功能替换型**

功能替换型，指徽州传统建筑原有的居住功能被整体置换，由居住功能完全置换为新的功能。主要针对已经完全不符合现有生产生活需求、损毁严重，或已经完全闲置、无人居住，由政府收购后重新使用的建筑。完全的功能置换是相对“极端”的一种方式，需要在尊重徽州传

功能置换案例梳理　　表 3-1

名称	类型	区位	原功能	现功能	图例
罗润坤宅	功能延续型	徽州区呈坎村	民居	民居	 
仃屋	功能替换型	祁门县桃源村	民居	仃屋咖啡馆	 
宀屋		祁门县桃源村	闲置民居	祁红茶楼	
永新巷8号	功能扩展型	徽州区屯溪老街	民居	民宿	 
南山客栈		祁门县桃源村	民居	民宿	 

统文化的基础上置换。相对徽州传统建筑原有空间、结构、风格形式而言，植入新的功能需要有所调适，在新功能与原有形式间找到一个平衡点。常规而言，建筑的完全替换大多是由大空间功能转为小空间功能，或者小空间功能转为同类小型功能空间。如可将建筑转为小型、低密度的商业建筑、小型的展览、咖啡店、餐饮店等。祁门县桃源村的仃屋，原为普通徽州农宅，为了配套旅游的公共空间，改造为一个质朴的乡村咖啡馆。宀屋为村内闲置建筑，现已改为供村民休闲娱乐的茶楼。

3. 功能扩展型

功能扩展型，指在徽州传统建筑中保留一部分的原有居住功能，另一部分置换为其他功能。在徽州传统建筑的更新改造案例中，此类方式较为常见。在乡村振兴过程中，民宿盛行，徽州地区不少村民将建筑一部分功能置换改造为餐饮、休闲、书店、住宿等功能，保留一部分居住功能留给原有的家庭。此类更新方式，在一定程度上能够协调完全置换所带来的新、旧功能转换的不适，它在考虑原有传统建筑空间、结构的基础上，探索尽可能减少破坏、因地制宜的良性发展模式。

（二）空间集约

徽州传统建筑整体面积较小，建筑中使用空间受限、杂物堆砌等现象严重影响了建筑空间的合理利用，难以适应和满足现代生活的多种功能需求。高效集约设计是徽州传统建筑适宜性更新解决建筑空间合理使用的有效办法。

1. 天井空间重构

天井是徽州传统建筑的特色空间，在解决一定的采光通风问题的同时，也寄托了徽州人民的情感，具有重要的功能性和象征性。因而，在徽州传统建筑现代适宜性更新时，应在不破坏整体空间格局的同时，保证天井的完整性，对天井空间进行适当布置，利用景观、小品等，营造空间和谐的氛围。在许多优秀的徽州传统建筑改造案例中，不少借助天井空间的适宜性更新达到了吸引人流的目的。可在天井中置入咖啡茶座、餐厅或展厅等。在使用时，需要将天井空间进行适当改造，如在上部安装玻璃以避免外界的干扰。

在旅游村落呈坎罗润坤宅的改造中，天井空间的上部用现代玻璃材料进行了重新建构，既不影响采光，又使得建筑空间保温性能更佳。此外，在原有天井空间中置入餐桌，天井空间被重新利用，与建筑室内空间成为一个整体。

2. 合理利用边角空间

徽州传统建筑空间高效集约设计还可以充分利用边角剩余空间，如合理利用楼梯下方、墙角、庭院边角、天井边的券廊等。在符合相关规范的前提下，将可利用的空间改为辅助空间，如将楼梯下方改为储藏间或卫生间，将天井边的券廊空间改为阅读或咖啡茶座等休闲空间，将墙角及庭院边角进行精致化装饰等，提高建筑的空间效率与空间品质。

在屯溪老街的调研中，有诸多徽州传统建筑充分利用边角空间更新改造的案例。还淳巷11号民宿的庭院处楼梯下方被改造用于置放桌椅等闲置物品，实现了对空间的重新利用；老街93号民宿中天井的四周廊道空间改为茶座空间，人们在其中可以休息下棋，天井上方的廊道则改造为沙发休闲区，小空间被重新利用。

空间的混合使用可以体现在平面功能和竖向空间两方面。例如，将徽州传统建筑改为特色民宿时，厅堂空间既可以作为展览参观的空间，又可以作为娱乐休闲的空间，还可以作为餐饮空间使用。屯溪老街还淳巷9号民宿中，入口处的餐厅，不仅是餐饮空间，在客人需要时还可作为会议空间。

3. 竖向空间的重新组织利用

徽州传统建筑为了通风防潮，通常会做大地面和室内屋面之间的净空（之间设置二层）。在适应性改造过程中，条件允许的情况下，可以采取屋面直接落地的方式来提高内部竖向空间，同时可将二层楼板下降，提高二层空间的使用率，或者拆除楼板，使内部空间连贯起来，方便使用。

在祁门县磻村小学改造中，因内部层高不足，无法直接改为村内接待中心，设计时将二层楼板去除，直接作为一个大台阶式的贯通空间，开阔了整体内部空间；又在大台阶上设置了坐垫，人们可坐在此处休憩观景（表3-2）。

空间集约调研案例　　表 3-2

类型	名称	图例
天井空间集约的利用	呈坎村罗润坤宅	 封闭天井 　天井空间再利用
边角空间的利用	屯溪老街（左一：还淳巷11号民宿，左二：老街93号）	 天井廊道作为茶座空间 　楼梯下方空间利用
空间的混合使用	左一：屯溪老街 左二：磻村接待中心	 餐饮空间兼会议空间 　台阶式贯通空间

（三）优化布局

1. 科学的功能布局

在充分尊重徽州建筑原有功能格局基础上，进行功能置换。例如，建筑改为民宿时，科学的功能布局既要满足居住者和经营者的基本需求，诸如接待、住宿、餐饮、休闲、后勤辅助等需求，也应凸显徽州特色的地域文化。建筑现代适宜性更新过程中，功能布局可将所有功能分为两大类：主要使用空间和辅助空间。各个功能之间，可依据动静结合原则，采用水平分区或垂直分区的方法，避免相互干扰。

2. **便捷的交通组织**

徽州建筑交通组织取决于楼梯的设置，原有楼梯坡度较高且狭窄，不便使用，加上年久失修，存在安全隐患。在建筑改造过程中，或根据相关住宅规范改造原有楼梯，或象征性保留原有楼梯，再选择其他适宜位置加建新楼梯以满足通行需求。

楼梯改造时，可将原有的单跑楼梯改为双跑楼梯或折跑楼梯，并依据住宅的相关规范将踏步加宽，增加梯段的长度。条件允许时，将楼梯宽度增加到1.2m，可以让两股人流同时通过（上下）。在建造材料的选择上，可以结合徽州地域特色采用木质材料，亦可采用更加安全耐久的钢结构楼梯。在交通组织上，楼梯的位置需要注意避免各功能之间流线的干扰，应保持相对独立（图3-1）。

图3-1　双跑楼梯

（四）设施完备

1. **基础设施统一建设**

建筑现代适宜性更新中，基础设施的建设极为重要。从村落宏观的角度来看，可将徽州建筑前的道路、绿化、各类管线统一设置。依据徽州地区的相关标准，集中进行排水管道、电气线路等相关设备的铺设。

2. **建立完整的通风体系**

完整的通风体系包含进风口、风道、出风口，室内通风的效果亦取决于风口的位置、大小，风道的通畅性。徽州建筑的围护结构有外墙、门、窗、屋顶，其中，门、窗、屋顶洞口可以作为通风系统的进风口和出风口，但是建筑外墙的窗口不可随意增减。故而，改善徽州建筑室内的通风环境需调整通风通道。

3. **防火安全**

徽州建筑大多为砖木混合的结构，内部各类装饰材料多为木材，加之民居建筑密度大，存在较大的安全隐患，具体适宜性改造方式有：

1）预防措施：使用防火涂料浸润木构件，定期进行安全检查、排查等。

2）应急措施：当有意外火灾发生时，各类消防设施可方便使用，如灭火器、消防水源等。

三、营造更新途径

（一）政府引导

政府是国家的行政机关，具有领导、执行、管理等职能。政府发挥主导作用，可以协调各部门之间的利益关系，均衡部门之间的能力差距，优化资源配置，逐步实现可持续发展。同时，统筹遗产活化与城市建设过程中的矛盾与冲突，在活化策略的贯彻与落实上，起到宏观调控的作用。

1. 制定科学规划，加强顶层设计

传统建筑的保护与传承是徽州传统建筑现代宜居活化的重要组成，应在统筹考虑传统建筑现代宜居活化的基础上，制定文化方面的专项规划，加强顶层设计，为文化发展预留空间。传统建筑现代宜居活化，不仅是空间形式上的改造，还是乡村个性特征和人文精神的历史延续，能有效保证徽州传统建筑创建活动沿着正确的方向进行。具体来说，要做好以下科学规划：

1）摸清家底。全面普查是做好徽州传统建筑现代宜居活化的前提和基础。

2）统筹兼顾，城乡一体。在传统建筑现代宜居活化中要将乡村传统文化的保护与传承纳入传统建筑现代宜居活化的总体规划中，把美丽乡村建设和传统文化的保护与传承有机结合起来，注重美丽乡村建设的顶层设计。

3）凸显个性设计。各镇、村要根据各自特点，编制传统建筑现代宜居活化规划，开展村庄风貌设计，因地制宜，因势利导，因村而异，因环境而异，分类指导，分层推进，分步实施。

4）落实规划，增强可操作性。在传统建筑现代宜居活化的落实过程中，最大化加强政策的连续性和实效性，形成国家、省、市、区县各级、各部门间的政策合力，统筹协调，稳步推进传统建筑现代宜居活化。

2. 完善法律法规，健全体制机制

完善的法律法规和健全的体制机制是徽州传统建筑现代宜居活化得以实施的重要保障。目前，我国现有的法律法规中，虽有规定破坏传统建筑后，应受到相应的处罚，但范围过于宽泛，对传统建筑现代宜居活化的作用十分有限。因此，必须制定与完善各项文化法律法规，优化各项文化政策，健全体制机制，为徽州传统建筑现代宜居活化创造一个良好的生存环境。

1）加强文化立法和标准制定。徽州地区拥有大量的传统建筑，种类繁多，性质各异，单靠我国现有法律无法涉及传统建筑活化的方方面面，这就需要完善法律体系，制定与建筑活化相配套的法律条文细则。

2）加大法制宣传教育。在乡村要加大宣传文化保护法律法规的力度，做好普法宣传工作，使村民认识到保护传承文化遗产的意义，以及保护传承文化遗产与其自身利益的关系，增强村民的法治观念，培养广大村民尊重和保护乡村文化遗产的意识，积极引导和鼓励他们参与乡村文化遗产的保护与传承。

3）加强执法力度。加强传统建筑保护活化的执法力度，特别是在传统建筑活化过程中，必须依法在项目批准前征求相关部门意见，采取保护措施后再实施。要在法律框架内展开对传统建筑的现代宜居性活化。

4）加强监督体制。为确保传统建筑的现代宜居性活化中的目标任务落到实处，必须加强政府对活化工作的监管，建立有效的监管制度，及时反映和听取社会各方面关于传统建筑活化的意见和建议，掌握并预测活化的各种动态，有效了解与把握信息。

5）建立完善的管理机制。将传统建筑现代宜居性活化的管理落到实处，确保传统建筑的活化原则、工作方针、政策法规得以贯彻执行，因此，必须建立一套良好的工作运行管理机制。

6）建立考评机制。把传统建筑现代宜居性活化工作纳入党政干部政绩考核体系与奖惩体系中，促使领导干部自觉树立传统建筑活化意识与正确政绩观，明确各级领导干部的职责，督促他们按照国家方针政策不断调整工作重心，使徽州地区的传统建筑得到现代宜居性活化。

3. 加强政府引导，多元筹措资金

徽州传统建筑活化中的营造更新是一项耗资巨大的系统工程，需要长期投入大量资金。但是，许多地方由于保护经费的匮乏，导致大量重要的传统建筑因得不到及时保护和抢救而处于濒临消亡的境地。为了解决乡村传统文化保护传承中资金短缺的瓶颈问题，政府部门需要加强宏观引导，通过多渠道、多元化筹资，积极探索解决这一问题的有效途径。

1）政府应加大对传统建筑活化的投入，将传统建筑活化费用纳入财政预算，设立乡村文化保护专项基金，用于老化建筑的修缮维护、文化遗产的普查建档、文化传承人的培养、优秀文化人才的奖励与补助、文化基础设施的投资建设等工作，同时要加强行政监督，做到专款专用和专款配套，提高资金使用效益，确保财政费用真正用于传统建筑活化事业，使传统建筑活化的保护与传承工作得以顺利开展。

2）除政府投入传统建筑活化专项资金外，还应积极引导和鼓励社会资金的投入，建立多元化、多渠道的投资模式，制定和完善有关社会赞助和捐赠的政策措施，调动企业、个人和社会团体参与乡村传统文化的保护与传承事业；还可以从已活化的传统建筑的经济收入中，提取适当比例用作传统建筑活化经费，实现其自我造血；可适当通过市场竞争和股份参与的形式，吸引企业和民间资本的投入与赞助，一方面减轻政府的财政压力，另一方面激活市场经济。

3）加强金融贷款。在市场经济条件下，所有的经济活动都离不开金融行业的支持和服务，政府在建立传统建筑活化专项资金的同时，还应对那些有发展潜力和市场前景的传统建筑给予金融支持，把传统建筑活化产业发展纳入信贷范围内，在银行现有年度信贷计划外，适当增加对传统建筑活化产业发展贷款的指标，实行低息、无息、贴息等优惠政策，使我国传统建筑活化产业的发展取得资本市场的支持，弥补政府相关部门对我国传统建筑活化产业发展资金投入的不足。

（二）人员协同

农民既是传统建筑的创造者，又是传统建筑的传承者，还是传统建筑的享有者，只有广大农民参与传统建筑的保护，传统建筑才能得到有效的保护与传承。因此，必须扶持培养文化传承人以及研究者等专业人才，发挥农民的主体作用，强化农民的主体性，充分发挥其能动性和创造性，保证他们在建设自己的家园时，享有发言权和决定权。具体要做到以下几点：

1．提高农民的文化自觉

传统建筑现代宜居性活化是一项惠及当代、造福子孙的工作，所以，特别需要尊重农民的主体地位，增强农民对传统建筑的认同感和保护意识。

2．抓好文化骨干队伍建设

在传统建筑现代宜居性活化建设过程中，首先，要加强对传统建筑技艺传承人的保护，为其建立个人档案，详细记载其掌握的技能与个人基本情况；其次，要把那些散布在农村地区，热爱传统建筑技艺、了解传统建筑技艺、有传统建筑技艺的民间艺人、文化能人和文化经纪人选拔出来，进行定期培训和规范化管理，使他们逐步成为乡村文化的建设者和设计者，以巩固传统建筑活化的群众基础。

3．拓宽人才的引进渠道

首先，政府要提供传统村落优惠人才政策，提高传统村落人才的待遇，加大扶持力度，吸引优秀人才到传统村落发展；其次，乡村文化传承不再局限于性别、家族，所有有兴趣学习的人都可以学习和领悟乡村传统文化；最后，要鼓励和积极扶持农民，特别是年轻村民对民间技艺的学习和传承，确保民间艺术和技艺后继有人，并发扬光大。

4．尊重农民的自主决策

尊重农民的自主决策，是实现农民主体地位的关键。必须充分尊重农民的现实文化需求和意愿，认真倾听他们的意见，坚决杜绝违背农民群众意愿、建造“花架子”形象工程的情况发生。

（三）结构改善

徽州传统建筑的结构特征大致体现在以下几个方面：首先，徽州传统建筑吸收了北方抬梁式木构架和南方穿斗式木构架的优势，形成了新的结构体系，即抬梁式与穿斗式混合使用。徽州传统建筑的中间开敞式厅堂因需要较大空间，常采用抬梁式木构架，而两侧私密性的厢房因跨度小而采用穿斗式木构架，穿斗式木构架也常用于山墙面，能够增强山墙面的抗风性能。这种新的结构对复杂地形和特殊功能具有良好的适应性，不仅适用于民居建筑，还适用于祠堂、戏台等公共建筑。其次，构成木结构的主要构件，其形态明显受到地域文化的浸润，如柱大多为梭柱，鼓状较高的柱础居多，梁栿常加工成月梁，斗栱保留了唐宋做法，而且大量出现各类斜栱。最后，由于徽州村落的封闭性，更重要的是徽文化形态本身的稳定性，导致留存至今的明代建筑仍保留了若干宋式做法。

1. 更换部分原有结构构件

在传统建筑改造过程中，最常遇到的结构问题是部分结构腐朽、损坏。在考虑施工经济性和传统风貌重要性的情况下，一般会采用更换部分结构构件的做法。结构上的修整操作也都延续着当地工匠的工艺和构造方式。

2. 增设结构加固件

在徽州传统建筑活化过程中经常会出现部分结构体薄弱的情况。此类型情况的出现，一般是由两方面原因所致：一是建筑整体结构完整，只因部分腐朽破坏而出现的结构薄弱，如建筑两柱之间连接部位腐朽、破坏等；二是因建筑整体结构体系改动而产生的部分结构薄弱状况，如将建筑原有结构连接构件去除，导致主体结构整体连接性减弱。针对这两种情况，往往需要采用加固件对徽州传统建筑的结构薄弱部分进行加固。

3. 改变整体结构形式

在徽州传统建筑的改造过程中，有时会出现原有结构模式难以满足改造后空间需求的状况，这时，就需要对原有结构进行相应的改造，使空间和环境都能更好地适应全新的使用方式（表3-3）。

建筑结构改善策略汇总　　　　表 3-3

策略名称	示意图	备注
更换原有结构构件		对原有建筑的损坏结构构件进行选择性更换。这种方式可以提升建筑结构的安全性
增设结构加固件		在建筑的薄弱环节利用结构加固件进行处理，改动较小，节省成本。但会在建筑表面留下痕迹，不利于整体建筑风貌的保存
改变整体结构形式		从整体结构出发，将原有结构形式进行改变。这种方式往往改动较大，适用于结构完全损坏或是对空间有特殊需求的结构进行加固

（四）技术改进

传统建造方式是传统建筑风貌与空间营造的技术基础，在建造方式发生巨大变革的今天，传统的建造方式仍具有一定的适应性。随着建筑材料与施工工艺的发展，传统建造的精华部分仍可保留和推广。采用传统建筑材料与建造方式的建筑保留了传统建筑风貌；而采用新型材料与改良的传统建造方式的建筑，在体现传统建筑空间营造过程的同时，其塑造的空间形态也反映出了现代生活特点。经过改良的传统建造方式，即使采用了现代建筑的语汇及材料，仍能体现传统意象。

1. 设立专门的研究机构，成立民间保护团体

目前对传统建筑工艺技术的研究还处于初级阶段，需要进一步拓展。我国传统工艺技术散布于民间，为民间艺人所掌握。搭建研究人员和民间艺人的交流平台，对传统的建筑工艺技术进行全面整理，摸清家底，了解目前我国现存的传统建筑工艺技术的现状，是进行传统建筑工艺技术保护与传承的基础和前提。传统建筑工艺技术的保护与传承的主体是广大民众，应自下而上，充分发动民间的保护力量，成立民间保护团体，发动全社会的力量进行传统建筑工艺技术的保护与传承。

2. 保护掌握传统建筑工艺技术的匠人

中国古代匠人师徒之间口传心授的传习方式，决定了匠人在整个传统建筑工艺技术传承中的主导地位。匠师的作用至关重要，是活的教科书。由于传统建筑工艺技术中很大一部分必须在实践中学习，故而至今大多传统建筑工艺技术仍以“师传徒继”为主要的传承方式。因此，要想保护和传承中国传统建筑工艺技术，首先必须保护好掌握了这些工艺技术的匠人。

3. 重构传统建筑工艺技术传承体系，加强人才培养

传统建筑工艺技术传承体系的重构是一个复杂的工程，它是由多种相互补充、相互协调、相互促进的传承方式组成的有机整体，并具有根据社会的发展和外部环境的变化进行调节的能力。以下是构建该体系的一些初步设想。

1）采用传统的“师传徒继”的传承方式。这种方式历经几千年至今仍占有一席之地，充分说明了它具有很强的生命力，是一种很好的传承方式，需要继承与发展。

2）充分利用现代科学技术成果。信息技术的发展为我们开辟了新的道路，可以充分利用这些技术，实现传统建筑工艺技术的全息化。如可录制传统建筑工艺技术的制作过程，还可用动画的形式对传统建筑工艺技术的详细制作过程进行分解，展示制作要诀。

3）加强学校教育。在高校和职业学校中开设相关课程，培养专业人才，提高从业人员的理论研究水平和实际操作能力。

4）开发一些参与性项目，寓教于乐，提高大众对传统建筑工艺技术的认知度。例如，可与旅游活动相结合，把传统工艺技术作为一项旅游活动项目进行推广。

四、文化传承途径

（一）地域特色

徽州传统建筑在中国传统建筑共性的基础上，展示了徽州建筑文化的强烈个性，它的历史价值、文化价值已为世人所公认。徽州传统建筑现代宜居活化对建筑的现代化发展有着重要的意义。

在外观上，徽州建筑大多为两层的楼房，一楼低矮，二楼则宽敞，建筑周围用高高的白墙围合。整个墙面仅开少量漏窗，且一楼基本不对外开窗。靠村落巷道上的墙面，基本上是一门二窗。这样就很好地解决了因密居而造成的各家之间的私密性问题。房屋两端的山墙升高，超过屋面及屋脊，山墙面顶部呈阶梯形，即风火墙。一般风火墙凸出三阶，少数凸出五阶，每阶以水平条状的山墙檐收顶。为避免山墙顶距屋面高度过高，采取向屋檐方向逐渐跌落的方式，每阶收头处做出翘犀头，当地称马头墙，这种阶梯式山墙既与两坡屋面相协调，又富于变化，打破了一般墙面的单调，大大丰富了建筑的轮廓线。风火墙经艺术处理后，成为个性鲜明的外观特征。远看建筑群的外墙轮廓之所以千变万化、高低错落，一方面，由于村落一般都坐落在山水之间的缓坡上，地形本身有高低起落，另一方面，则是建筑群自身有许多变化因素，如宅基高低不等、层数不等、进数不等、组合不等、用料大小不等，建筑群随之也高低起伏。马头墙和屋顶相互穿插、交相辉映，赋予村落浓郁的乡土特色。在功能上，徽州建筑内部均是由木结构组合而成，加上房屋间距小，这就不得不考虑防火问题，因而马头墙在防止火灾蔓延上起了很重要的作用。

徽州传统建筑的艺术风格以淡雅、朴实、秀丽著称。在外观色调上以灰、白、黑为主，不用浓色重彩，并且尽可能保持材料的自然质感。屋顶一般不用琉璃瓦装饰，正脊及垂脊皆无装饰物，坡面屋顶、墙顶以小青瓦铺成鱼鳞状，朴素大方。墙面均刷白，沿滴水头处墙面用浓淡墨线绘出两条粗细砖纹墨线，同时，在墙体转角处绘收头花纹。远望徽州村落青瓦白墙的房屋，在山水及绿树之间显得特别古朴文雅。

由于明清时期有严格的规定，一般民众庐舍不得超过三间五架，所以徽州建筑一般为三开间，即明间、次间，中间为厅堂，两侧为厢房。庭院比较狭小，设有天井。平面布局典型模式是三合院：以天井为核心，外围封闭，内部开敞，秩序井然。平面构成序列：入口大门—天井—半开敞的堂屋—左右厢房—堂屋屏风后设楼梯间或在天井一侧—厨房。南向布置主要房间，东西向布置次要的、开间较小的辅助房间，一般用作楼梯间、储藏室等。

建筑平面虽方正但不呆板，虽紧凑但不局促，虽格局统一但仍多变化。天井起了相当关键的作用。进入大门，首先见到的是天井。天井小而狭长，呈长方形。它是平面里最积极、最活跃的构成因素。天井使封闭的空间找到采光、通风等功能要求的出路，是一个起联系、导向作用的枢纽空间，是由大门进入宅内的过渡，是通向建筑两侧小巷、杂院、庭院的地带。

天井上缘由屋顶四向的屋檐和墙壁组合构成，然而，天井虽由屋檐框定，但它不是连续的、封闭的围合，四周屋檐标高与出檐深浅都不一定相同。例如，歙县宏村上水圳的承志堂局部剖面，天井四周屋檐标高不一，也使天井的空间层次丰富了很多。徽州地区少雪多雨，屋顶出檐较长，因此天井相应变小，光线变暗。降雨时节，四周的坡屋顶雨水皆顺檐流入天井，形成“四水归堂”之势，迎合徽商“肥水不外流”“老天降福”“财源滚滚来”等心理。天井一般设有排水，开敞的井口底下地面潮湿，以青麻石铺地。天井使建筑在炎热夏天增加了几分清凉，同时在防火方面也有很重要的功能。天井延伸了堂屋的空间，堂屋在住宅中占最重要的位置，它提供全家聚集活动的空间，祭祀、迎宾、红白喜事都在这里举行。天井扩大了半开敞堂屋的活动视角，使室内外空间互相渗透，丰富了内外空间的层次，呼应了天、地、人三者合一的思想。

天井承接阳光雨露、日月精华，纳气通风，承载了居民“藏风聚气，通天接地”的愿望，因而赋予了徽州建筑很强的生命力。天井也是室内重点装饰的地方，徽州建筑天井中一般设有长条石供桌，上置盆景，粉墙上饰以砖刻花窗。富户则在天井周围内装修的木雕上做文章，讲究的用银杏、梓木等贵重木材。为炫耀木材材质，同时也因为担心油漆损害雕刻细部，很多装饰性木雕都不刷油漆，而是涂以桐油，露出木质纹理的自然美。另外，徽州建筑的楼上、楼下分间有时不一致，有时楼上分间的立柱点，下层无柱支撑，只能立于梁上，这是别处所没有的。山墙面每步有柱落地。如此，内部空间较开敞而结构的整体性较好，墙体不承重，所以会出现墙倒而屋不塌的现象。

徽州传统建筑不仅在建筑风格上有特色，其室内外装饰也有很大的研究价值。徽州传统建筑是朴素简洁的，但一般都比较讲究装饰和注重美观，配置各种精美的雕刻，形成一种清丽高雅的艺术格调。在装饰手法上，徽州的砖雕、木雕、石雕在住宅中得到了绝妙的发展，到处可见佳作。特别是主入口的门楼、门墙、门罩做了重点装饰，飞檐叠瓦、斗栱重重，既打破了水平墙面的单调感，又增加了大门的气势。门口大部分用青砖雕刻，雕工非常讲究，形象别致醒目，比例尺度适当。雕文大多为戏文故事、民间传说，也有花鸟虫鱼以及各种几何图案等，意在福禄寿禧、吉祥如意。住宅室内大多为木雕，这种雕刻的重点部位是院内的隔扇、面向天井的栏杆、靠凳、屏风、楼板层向外的挂落、檐口、梁架等。由于木质细韧，比较易于加工，因此木雕一般线条流畅，丰满华丽而不琐碎，技艺水平很高。在石雕方面，用于建筑厅堂台阶的石雕比较一般，而许多建筑的柱础则比较考究。石雕艺术水平特别高超的，多配置于建筑群中的牌坊、祠堂、亭台等。富商官宦人家的宅内装修豪华，家中到处都是雕刻，且常以官运亨通、财源丰富为主题，有的还加些淡雅的彩绘。这些精美的雕刻，造型生动，题材丰富，极具艺术感染力，体现了徽州传统建筑既庄重素雅又活泼多姿的风格。

徽州传统建筑在构造上力求建筑与自然融合，空间生意盎然；在意境上追求诗情画意，并力求与人相和谐，使之符合使用者心理要求。无论对于建筑学、历史学还是民俗学研究，徽州传统建筑都是不可多得的素材，对于徽州传统建筑现代宜居活化更是意义重大。

（二）建造工艺

1. 建筑结构

徽州传统建筑多为砖木结构。柱础采用础垫石，上置石柱础。屋架采用大木作榫卯结构。围护墙采用砖础，开线砖灌斗式自成体系承重，柱墙间采用铁木拉牵连接。

2. 瓦作用材与做法

瓦作在徽州传统建筑的施工包括砌筑墙体、屋面铺作和大门顶的门罩、门楼制作等。明清的墙体砌筑多数为“斗墙”，墙厚八寸有余，用一种窑烧大号“开砖”，一板一牵砌法，斗内用碎砖和土填实，俗称“灌斗墙”。灌斗有干湿两种，干斗为碎砖瓦砾混干土填实，湿斗则采用红泥土和水调成糊状，一层碎砖碎瓦、一层糊状泥浆灌实，其砌筑墙体用红泥浆和石灰以1：1比例调成。

砌筑墙体和砖雕门罩（门楼）、屋面铺设所用的砖在尺度、质地方面都不相同，墙体砌筑所用的是一种长一尺一寸、宽五寸、厚一寸（鲁班尺）的大开砖，门罩和门楼制作所采用的砖是经过洗浆沉淀的细土制坯烧制而成的，其色泽青灰，质地细腻，便于精雕细琢。其雕刻用砖尺寸有尺方、二五八和一四七3种，屋面铺设是一种长六寸、宽四寸、厚五分的望砖。

明清建筑的平面类型有“一脊翻二堂”和“前厅后堂”两种，前后都设天井，有“四水归明堂”之说。正屋山墙为“悬山”，悬山砌筑博风，其余几面墙体都砌至正屋之檐口，除正面开设一出入大门，有的也在后堂侧开一小耳门。一周墙顶和悬山博风顶都采用水磨砖，以方、圆、凹形线条砖，以及工字缝和白灰膏砌筑挑出，俗称“三线横排”。三线横排下脊部称博风板，平行围墙部称“垛板”，亦用水磨砖贴面做法。

3. 屋面铺作

正屋面铺作，先在木椽上用白灰膏嵌缝铺砌望砖，然后铺盖青瓦。明清的瓦尺度较大，其长八寸、宽六寸、厚约五分（鲁班尺），檐口为花边、沟头、滴水，脊部以大平瓦将两坡屋面的板瓦和盖瓦覆盖紧密，大平瓦之上立坐青瓦压顶。四周围合的墙顶都超出室内檐口，该墙顶采用“双落水”做法（类似围墙顶做法），内外有檐，檐部都为花边沟滴，脊部盖瓦同正屋脊，前后四角顶部向前后两个方向各安装一块博风板，博风板上自下而上安装六角礅、大平瓦、雀尾（飞）、坐吻，坐吻后立坐青瓦延伸至正屋脊部。脊部悬山顶铺盖两路“蓑衣”，蓑衣瓦上覆盖瓦，与围墙顶立筑瓦成一线。所有内外檐部的坐盖瓦之间空隙处均用砖坐砌密实，以防脱落。

4. **外加饰工艺技术**

门楼和门罩多数都设在正门上，不但遮挡门上的雨水，而且是民间建筑在艺术上的一种装饰手段。明初为木构门罩，其出挑较大，约三尺有余。明末都改为砖雕贴面，但式样未大改变，气派大方，造型奇巧，做法均为水磨砖雕。大门框用麻石制作，所谓“门岩”，由门槛、二门柱和一门岩头组合安装而成。

粉刷、绘画是徽帮匠师常采用的外装饰技术。粉刷是以白灰膏直接粉刷墙面打底，尔后刷浆至不见裂缝为止。墙面绘画着重于图案的构思，主体画面亦为楼台亭阁、人物山水及花卉鸟植等，并在墙的转角和檐口部位用墨线水平和垂直画出，以凸显轮廓整齐、黑白分明之效果（图3-2）。

图3-2　墙面粉刷绘画

5. **楼地面做法**

建筑底层地面为“三合土”地面，其做法是二成中粗砂、一成干石灰粉，即2：1的比例，拌和均匀后用红泥浆渗入砂灰中翻拌至相应湿度即可。操作时，先将地面之杂土清除，用陶制缸、罐倒覆放置，间距约三尺，缸、罐之间填鹅卵石，尔后施三合土夯拍压光作假方砖铺地式样。楼层地面，其做法是在木作的楼板上铺一层箬叶（一种小苦竹之叶），箬叶层上铺一层中砂，尔后是切边成方的方砖，用白灰膏嵌缝筑坐。底层三合土地面以防潮为主，楼板上铺方砖用以防火。

徽州传统建筑现代宜居活化的发展离不开建造工艺的修饰与美化，多种多样的建造工艺是我国重要的非物质文化遗产，注重其传承和发展，抓住其精髓，发挥最大价值，才能使徽州传统聚落空间的地域性风格传承下去且充满生机和活力，才能充分体现徽州传统建筑的现代宜居性。

（三）材料利用与装饰

1. 常用自然材料

（1）木材

在我国传统建筑形成过程中，当地的建筑材料等资源对其结构与形式有着不可忽略的影响。徽州地处北纬30°附近，属于湿润性季风气候，温和多雨，降水较多，且为山地，多为黄壤，土层厚，肥力高，适合林木生长。当地盛产松木与杉木，这些树木高大质优，为徽州传统建筑提供了优质的原材料。正是因为这些优质木材，徽州地区才形成了以木结构为基础的建筑结构体系。常用的木材有杉木、松木、樟木、银杏等，这些木材质地坚硬、尺寸高大且能防止虫蛀，是很好的构件用材。当地的工匠充分挖掘各种木材的特性，选取合适的木材用在适宜的地方。例如，杉木纹理通直，不易弯曲开裂，耐腐蚀，常用于建筑中的大型木构件——梁柱、雀替、楼板等；梁、枋等受弯构件，则采用抗弯性能较好的松木；门、窗等小木构件常选用质轻、易加工、不易变形的木材（图3-3）。

图3-3　传统徽派建筑木构件

（2）石材

徽州地区盛产石材，徽州传统建筑中也随处可见石材的运用。石构件是徽州传统建筑必不可少的组成部分。徽州传统建筑中常用的石材主要为黟县青与茶园石两类。黟县青属于大理石，质地坚硬，经过打磨之后表面光滑，被认为是当地最好的石材，常用在祠堂或部分建筑中的抱鼓石、漏窗、石雕门窗等处。色彩上表现为青灰色，朴实而凝重，与徽州传统建筑的整体色调一致。茶园石颜色为灰白色和粉红色，主要用于建筑地基、基础、桥梁等处。在徽州村落中，石材还被广泛用于街巷、广场的铺地（图3-4、图3-5）。

图3-4 黟县青铺地

图3-5 黟县青石雕

2. 常用人工材料

（1）砖

砖作为建筑用材由来已久，在汉代，我国砖雕、砖画已有相当的水平。徽州传统建筑使用较多的青砖，沿袭了我国古代的制砖工艺，以当地的黏土为主要原料，经制模、焙烧而成型。徽州地区土质较好，且烧制过程考究，青砖质地优良，这为建筑营造以及砖雕提供了基础。徽州建筑常用砖的规格为258mm×369mm×147mm，也有少量较大尺寸的砖用于砖雕或其他部位（图3-6）。

（2）瓦

“粉墙黛瓦”是徽州传统建筑的写照，其中“黛瓦”指徽州传统建筑中常用的小青瓦，包括三件头、盖瓦、板瓦、筒瓦等。大片的青瓦铺在屋顶上，形成“粉墙黛瓦”的艺术效果。常见的青瓦约20cm见方，中间略作拱形，可做成上槽或下槽，既能避雨，又具有隔热的作

图3-6 徽州砖雕

图3-7　屋顶青瓦

用。此外，徽州传统建筑的用瓦还有“雨瓦”“瓦当”“花头当”等区分，分别用于不同的位置（图3-7）。

3. 装修与装饰

徽州传统建筑中的装修与装饰主要采用木材和砖石表达。建筑内部装饰主要用木材，如小木作、木雕等；建筑外部装饰主要用砖和石材，如砖雕、石雕。木雕、砖雕、石雕被称为徽州三雕，是徽州建筑的一大特色。徽州古村落的各类建筑中，随处可见雕饰精美的图案、构件。木雕的梁枋、砖雕的门楼、石雕的漏窗等与建筑融合在一起，非常巧妙，起到了很好的装饰作用，也表现了特色的徽派建筑文化。

（1）小木作装修

木材构件在中国古代建筑中主要为两大类，按照不同木工工艺区分，把建造房屋的木构架叫作“大木作”，把建筑装修和木制家具叫作“小木作”。其中小木作，分为外檐装修和内檐装修。前者主要使用在室外，如栏杆、屋檐下的挂落、门窗等；后者主要在室内使用，如各种隔断、罩、顶棚、藻井等。

徽州传统建筑中采用具有浓郁徽州地方特色的空间装修装饰手法。小木作主要包括门窗、室内分隔、室外分隔等。装饰装修重点位置主要集中在天井周围的木构件上，包括飞来椅（美人靠）、隔扇、门窗、楣罩、斜撑、栏杆及挂落等。徽州传统建筑中小木作装修主要以传统木雕技艺为基础，对不同构件配以不同主题的雕刻内容，有的配以适当彩画，简繁得体，不但突出了建筑结构的特点，同时与天井四周的白色墙体和素雅板壁相得益彰，将天井统一成了一个整体空间，创造出了一个温馨典雅的居住空间。围绕天井的主要构件有飞来椅、格子门、隔扇窗等。

在不同年代建造的徽州传统建筑中，受当时文化的影响，这些构件的形式以及雕刻内容也各有差异。如明代的徽州建筑二层设置有飞来椅（图3-8）。飞来椅是指徽州建筑中二层围廊一圈、围绕天井设置的靠椅，常配有极其精美的雕刻。它的特点是靠背栏杆为弧形向外伸展，突出檐柱外侧，曲线部分划成若干框格，下部配以较为简洁的裙板，与上部形成对比，繁简得当，效果突出。飞来椅常用的雕刻题材为动物、花草等，并赋予一定的寓意。到了清代，由于人们活动空间主要下移到一层，清代的二层就没有飞来椅了，其主要的木构件装修集中在天井

图3-8　飞来椅

图3-9　隔扇门窗

周围的门窗等构件上。对于门窗的装饰，主要是在格子门、厢房门窗等部位雕刻精美图案花纹。不同时期门窗的样式与装修也各不相同。明代，隔扇门窗的样式多为直条纹或方格纹，门上的裙板等部位不常做装饰，简单大方（图3-9）。到了清代，门窗格纹变得丰富、华丽，常采用文字、什锦纹、柳条十字川纹等，在裙板的位置也加强了装饰，多采用浅浮雕的方式雕刻山水等花纹，增强了徽派民居的艺术效果。

（2）彩画

徽州传统建筑中，彩画主要用在大型建筑如祠堂的梁枋、檩柱上，普通建筑彩画多用在楼板顶棚上。徽州传统建筑彩画一般直接绘于木材上，不做地仗，也不刷漆；有的做法是将彩画先画在宣纸上，然后装裱到顶棚上；还有的是在大型祠堂建筑的木构架梁枋上画包袱锦彩画，构图优美，用笔简洁，敷色淡雅，情调和谐。徽州传统建筑中室外白色墙面上常可以见到装饰性的彩画，如屋角的墙头花及门楣花、屋角轮廓墨线等（图3-10、图3-11）。

图3-10　梁枋彩画

图3-11　外墙彩画

（3）木雕

徽州地区盛产多种优质木材，如松木、杉木、樟木等，给徽州木雕提供了大量优质的原材料。同时，徽州地区深受儒家思想影响，重视文化思想的体现，书法、绘画、篆刻等技术精湛，为木雕的产生和发展提供了有利条件。而随着徽商崛起，徽州地区经济实力增强，为木雕技艺的发展奠定了经济基础。

徽州传统建筑中的木雕，因为受到了新安画派的影响，其图案从花鸟虫草到人物山水都表现出浓郁的文化气息。木雕主要装饰于梁枋、平盘斗、雀替、楼层栏杆、飞来椅、撑栱、隔扇、门窗、门罩等处（图3-12）。木雕题材和内容带有世俗审美趣味，包含人物、山水、花卉、飞禽、走兽、虫鱼、云纹、水纹、八宝博古、文字楹联，以及几何形图案等，写实与写意相互结合，涉及建筑装饰和人们日常生活各个方面，表达了徽州人对美好生活和理想家园的向往等。如雕刻松树与仙鹤寓意为“松鹤延年”，桃和蝙蝠组合寓意“多福多寿”，蝙蝠、鹿和猴子在一起寓意为“福禄封侯”等（图3-13）。

图3-12　徽派建筑木雕

（a）梁枋木雕

（b）飞来椅木雕

（c）楼层栏板木雕

图3-13　不同部位的木雕及题材

图3-14　砖雕构件

（4）砖雕

砖雕作为徽州三雕之一，是在徽州雕刻技艺中发展较早的，也是最负盛名最具魅力的。从明代开始，徽州建筑中用砖量越来越多。徽州盛产质地坚细的青灰砖，砖雕就是将砖经过精致的雕镂作为建筑装饰，广泛使用于门楼与门罩、漏窗、照壁等处（图3-14）。

砖雕一般分为平雕、浮雕、立体雕刻，题材广泛，包括花卉、龙虎狮象、山水林园、戏剧人物等，民间色彩浓郁。砖雕精细的雕刻、丰富的内容，使得徽州传统建筑的外墙更为生动、立体。徽州砖雕在不同时期表现形式与风格也不同。明代风格粗犷、朴素，图案有较强的对称性，题材以植物花卉、龙凤图样为主，常用浮雕或浅圆雕；清代雕刻逐渐精细，题材多以人物故事为主，构图自由灵活，雕刻层次丰富。徽州传统建筑砖雕的用料与制作极为考究，一件砖雕的制作需要经过放样开料、选料、磨面、打坯、出细、补损、修缮等7道工序。在雕刻技法上，砖雕一般取高浮雕和镂空雕。明代砖雕手法构图守拙，刀法简练。到了清代，砖雕艺术从近景到远景，有七八个层次，最多甚至可达九个层次。

（5）石雕

徽州石雕风格古朴大方，多追求沉稳凝重与体量感。石雕用料为各类石材，石材质地坚硬。石雕主要用于建筑外部具有一定象征或纪念意义的构筑物，或者作为建筑的承重部分。在徽州传统建筑中，石雕的装饰部位主要为抱鼓石、石漏窗、柱础、石狮、石碑、石坊等。

受材料的限制，徽州石雕题材的选择没有砖雕和木雕广泛，题材以植物、花鸟虫鱼、博古纹样和书法为主，人物故事与山水题材较少，但是雕刻的整体布局十分合理，构图疏密匀称，灵活多变。例如，抱鼓石位于入口两侧，石鼓表面一般不作过多雕饰，多在须弥座等处以浮雕或浅圆雕方式雕刻花卉纹样题材。漏窗的形式有方形、圆形、叶形等，雕饰内容有几何形、山、石、植物等，构图匀称，富有变化。徽州传统建筑的石制柱础在明代多为覆盆、伏莲等形态，清代柱础的形态有鼓形、方形、八角形、六角形等。还有一些是在门罩与砖雕结合并用，丰富且有层次感（图3-15）。

图3-15　徽州石雕

参考文献

[1] 钟杰，贾尚宏，徐雪芳．徽州古民居节能技术探究[J]．工业建筑，2014，44（5）：23-26.

[2] 刘仁义，吴洪，钟杰．乡村振兴背景下徽州祠堂适宜更新策略：以安徽省祁门县马山村祠堂为例[J]．小城镇建设，2020，38（12）：83-91.

[3] 孙杰．传统民居与现代绿色建筑体系[J]．建筑学报，2001（3）：61-62.

[4] 张丹，毕迎春，田大方．传统建筑中蕴含的节能技术[J]．华中建筑，2008，26（12）：153-155.

[5] 张国梅．浅谈徽州传统民居的环境布局及建筑特色[J]．安徽建筑，2002（1）：32-33.

[6] 左铁峰，高巍．徽派建筑的设计美学表征与内涵分析[J]．黄山学院学报，2016，18（2）：71-75.

[7] 王康英．徽州民居现代适用模式[D]．合肥：安徽建筑大学，2021.

[8] 周美琪．徽州传统民居的现代宜居性评价[D]．合肥：安徽建筑大学，2021.

[9] 凌璇．徽州传统村落空间形态特征及保护策略研究[D]．西安：长安大学，2015.

[10] 吴桢楠．从适宜现代生活的角度审视皖南传统村落的保护与更新[D]．合肥：合肥工业大学，2010.

[11] 郭帅．徽派建筑材料表达[D]．广州：华南理工大学，2013.

[12] 刘仁义．感悟徽派建筑：学术论文集[M]．合肥：合肥工业大学出版社，2007.

[13] 刘托，程硕，黄续．徽派民居传统营造技艺[M]．合肥：安徽科学技术出版社，2013.

第四章

徽州传统建筑现代宜居活化模式

一、祠堂活化模式

祠堂是古代家族用来祭祀祖先的场所，也是宗族议事、藏修族谱、助学育才、宣讲法礼、举办婚丧寿喜等重大公共活动空间，其规模能够反映宗族的历史文化、社会经济、家族兴衰等各方面的情况。传统意义上的祠堂具有宗族社会活动的意义，对于传承优秀传统文化、引导乡村社会治理，以及凝聚大众文化自信和情感归属，具有很重要的现实意义。随着时代的变迁，传统村落祠堂普遍面临着空间衰败与功能异化的困境，相关学科的学者对祠堂空间的研究主要围绕祠堂建筑内部空间、族权空间秩序、文化景观空间，以及宗族文化对乡村社会的影响等方面展开，这为活化模式的探索奠定了坚实基础。

（一）徽州祠堂的空间特征

1. “齐家”观念促成了祠堂空间的统一

程朱理学以齐家、治国、平天下为实质的核心观念继承了儒家思想的实质内容。“齐家以修身”，家里团结起来，家庭和谐，才有可能一致地应对家外的世界，或治国，或打天下。祠堂属于家族所有，与家族有一样的姓氏。家族可以解释为拥有同一姓氏和因血脉亲情联系在一起的一群人，而他们要依赖土地生存和繁衍下去。祠堂早期是一个家族为占有一方土地而修建的构筑物，即向外姓人宣布土地的主权，同时也告诉本家族的人，要在同一祖先的庇佑下互帮互助。

整个祠堂对外有很强的私密性，祠堂建筑立面上很少开窗，墙体围合坚实，仅以天井通风采光，这种内向性的空间与家族制度既团结内部又排外的特性相一致。祠堂以三进、四进乃至五进结构组成完整且独立的建筑公共空间，正堂空间的对称性强烈地将视线引导向位于中轴线的空间及装饰，厅堂的太师壁成为室内视觉的焦点，上下厅堂及厢房以天井空间为中心，向内围合，组合起来，使祠堂具有“统一感”。

2. “三纲五常”限定了祠堂建筑空间次序

徽州是礼仪之邦，以“三纲五常”为天理。“所谓天理，复是何物？仁、义、礼、智，岂不是天理？君臣、父子、兄弟、夫妇、朋友，岂不是天理？”清朝曾对祠堂有规划和制定，凡三品以上官吏的祠堂可建厅堂五开间、台阶五级、东西两厅堂各三间、南门两重、东西设侧门。一般家族的祠堂，前为大门、中为正厅、后为后殿，故古时凡同宗族人科举及第、封官晋爵者，都有兴建祠堂之举。这种等级森严的宗制凸显了程朱理学的伦理纲常。不同的空间次序配合相应的行为规矩都意味着不同的身份关系。祠堂建筑格局主次有别，讲究正偏、内外的空间层次，即伦理道德的“尊卑位序”原则。整座祠堂从大门、门厅到祭祖议事的享堂，再到供奉祖先牌位的寝楼，由低到高，步步向上，这就是“前下后上”的原则。祠堂中有正、侧之分，如五凤楼下中间的大门叫“仪门”，每座祠堂平时只开中门栏栅门和二道侧门，举行重大宗族活动时，才打开中间的仪门，平常只能走侧门。

祠堂里的厅堂位序关系有具体的规定，以左为大、以右为小，以上为尊、以下为次，座次均以此为“合理”次序。有趣的是，位于厅堂之上的匾额与中堂楹联，在古制里，上下联的读序先后与座次左右同序。

3. 祭祖观念决定了祠堂建筑空间布局模式

祭祀祖宗是祠堂最重要的功能之一，祠堂的空间秩序在祭祀礼仪中体现了建筑的功能性。祠堂建筑内进行的活动都极其讲究位序，这影响了祠堂的平面格局。祭祖时，对去世的人的牌位摆放位置和在生的人的站立位置都有严格的规定。

享堂作为祭祀祖先的主要场所，一般建得高大雄伟，并具有多重功能，室内空间宽敞，装饰繁多，材料也使用最好的。在享堂的中间正壁，一般悬挂祖宗像或祖先牌位图。徽州祠堂祭祖都遵循朱熹《家礼》，行“三献礼”，礼仪繁缛，有些宗族族规的家法规定，祠堂祭祖大典，凡能参加的成年支丁一律均须参加。祭祖时，有的享堂天井容纳不下众多支丁，因此，祠堂建造得越来越大。祠堂的第三进寝楼是供奉祖先牌位的地方，也是宗祠最重要的部分。祖先牌位及供桌靠后墙摆放，前面留出大部分空间供族人跪拜使用。从享堂还要再上几级台阶才能进入寝楼，显示祖先地位之崇高，也显示了敬拜祖先的重要性。

4. 礼制观念限定了人的活动空间

受封建礼制观念的影响，尊卑有别、男女有别，徽州祠堂及民居在空间布局上限定了人的活动范围。朱子言：“民之所以生者，礼为大。”例如，天井中用石板铺设的雨道，平时不让人走，只有宗族举办重大活动时，宗族中德高望重的长者，才能从仪门进入，踏上雨道，走向正厅。同样，男女活动的区域也是不同的。通常女人不得进入祠堂，不得踏入代表男性的权力空间，即便是支祠，女人也不能跨过祠堂中第二道正堂和寝堂之间的门槛（图4-1）。

（二）徽州祠堂的多元价值

1. 承载历史文化

近年来，祠堂的历史文化价值得到了全社会的认同。据统计，徽州传统落中共1446处古迹被列为文物保护单位，有189处祠堂被认定为历史建筑。徽州祠堂是“徽州三绝”之一，承载了大量珍贵的徽州宗族、历史名人、徽派建筑、徽州祠祭、徽州民俗、徽州方言等信息，浓缩了

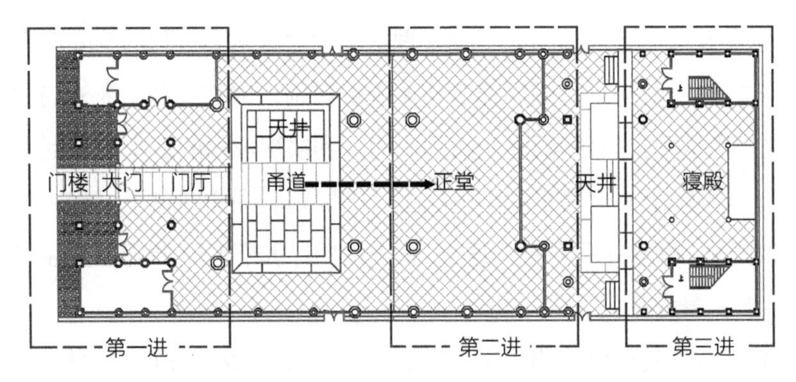

图4-1 礼制限制人的活动空间示意图（图片来源：赵鹏飞 绘）

当时的社会历史、经济发展、文化艺术和建造水平。祠堂作为徽州宗族制度文化的载体，是宣传孝文化的重要场所，是家族文化在空间上的体现。祠堂的空间组织、建筑的立面造型、内外部的雕刻装饰，都是建筑艺术的审美价值所在。祠堂里一般存放着大量的族谱、族规、家谱、家规等文献资料，具有珍贵的宗族文化研究价值。祠堂的规模、风格和族谱的编纂、修缮，也反映了徽商兴衰、家族繁衍的历史背景。

2. 组织村落空间

祠堂是徽州传统村落空间组织的中心，是村落的标志性空间。宗族聚居是徽州传统村落的一大特点，有村必有族，有族必有祠。一个村落可能不止一处祠堂，且有宗祠、支祠和家祠之分。宗族结构关系形成了不同层次的祠堂建筑关系，在村落空间布局中也反映了等级和尊卑的宗族组织观念。一般而言，徽州祠堂在村落整体空间布局中处于核心位置，且与普通民居保持一定的距离。宗祠多位于村口或村中心位置，支祠位于村落前排，对民居的朝向、大小、排列等具有支配作用。总体来看，祠堂的分布呈现以宗祠为整个村落中心、以支祠为单个家族中心、以家祠为村民家宅中心的特征。

3. 统领村落景观

祠堂是徽州传统村落的重要景观节点和门户空间，对其他景观要素起着统领和组织作用。从村落整体格局看，祠堂作为村落的门户节点，是一种独特的人文景观，其他诸如民居、牌坊、古井、古桥等人工景观要素围绕祠堂和谐分布，古树、河流、农田等自然景观要素则作为祠堂景观的衬托存在。从祠堂建筑单体来看，徽州祠堂具有独特的地域建筑特色，外形高大庄严、气势恢宏，内饰雕刻精美、栩栩如生，无论是架构还是雕饰，其美观与实用都达到了完美的融合，堪称中国民间艺术博物馆，是重要的文化遗产，具有很高的景观审美价值。

4. 引导社会治理

徽州传统村落是典型的以宗族聚居为主的乡村，同一宗族内的人拥有同一祖先的血缘关系。在古代徽州，宗族血缘关系是人们最主要的社会关系。自唐宋发展到明清时期，宗族治理已经成为徽州乡村自治的主要手段。宗族作为一种历史悠久的社会组织，其中蕴含的宗法制度影响广泛而深远。祠堂作为宗族关系和家族精神的情感纽带，是徽州传统村落社会秩序的管理中心，制约着每一个族内成员的行为规范，强化着族亲之间的情感维系，主导着祭祀议事、教化惩戒、婚丧寿喜等社会活动。因此，祠堂在引导乡村社会治理、加强乡村社会稳定方面有着重要的历史意义。

（三）徽州祠堂空间的当代困境

1. 祠堂空间衰败

改革开放以来，中国乡村发展受经济欠发达和城乡二元结构矛盾等因素的制约，一直处于相对滞后状态。大批青壮年长期外出务工，以老弱、妇幼、中小学生滞留为主的空心村比比皆是。由于缺少必要的公共空间和公共生活，直接导致乡村缺乏创新能力与文化活力，文化供需矛盾十分突出。许多传统形态的乡村公共议题往往在“祠堂社屋”“田间地头”这些公共空间中发生，并通过相互沟通得以解决。乡村的公共空间潜移默化地对乡村共识的形成、乡村人际关系的融洽、乡村自治的实现以及地区认同的完善等起到了积极的作用。以祠堂、村口、广场等为主的公共空间，承载的是乡村居民的生活习惯及与之相适应的公共活动，是乡村聚落整体环境的有效组成部分，更是传统文化得以传承的物质载体。

祠堂空间衰败表现在建筑构件的老化破旧、建筑空间的常年封闭和原有功能的退化消失等方面。当今，众多衰败的祠堂亟须修缮维护，然而普遍缺乏维护资金，即使有些历史文化名村有专项保护资金，也难以满足祠堂建筑的修缮维护需要。据统计，黄山市共446处古祠堂，其中多处祠堂保存情况一般，甚至毁坏严重，保存完好的祠堂仅占比约26%（图4-2）。

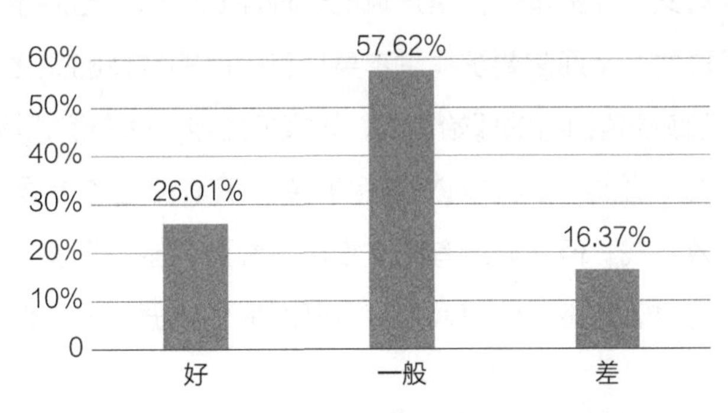

图4-2　黄山市传统村落祠堂保存情况（数据来源：黄山市文物局）

部分祠堂为防止人为破坏而大门紧锁、常年闲置封闭，村民或游客在节假日也无法开展相应的公共活动。总的来说，无论是物质性老化、封闭性隔绝还是功能性衰退，徽州祠堂空间衰败的本质反映了快速城镇化背景下我国乡村转型背后的社会结构松散化及传统文化的失落，原有的传统生活不断被现代城市文明冲击甚至打破，传统的宗族文化正在迅速衰退。

2. 祠堂功能异化

快速城镇化使得现代城市文明进入传统村落，村民的观念发生了巨大变化，不再以宗族为先，祠堂等古建筑甚至被认为是迂腐落后的象征。同时，村民的遗产保护意识不够，未能充分认识祠堂的历史文化价值和功能，于是纷纷将古祠堂作为近年来火热的乡村文化旅游特色空间营造的首选，对其注入过多现代城市元素，导致祠堂原有的传统元素在旅游市场和经济效益的驱动下被人为毁坏，原有的功能也发生异化。祠堂功能异化体现在两个方面：一是祠堂私有化，少数作为公共空间的徽州祠堂被改造为民宅，原本承担公共社会职能的祠堂被异化为私家别院，这种做法是对公共资源的侵占，最终会使得祠堂空间失去原有的历史文化价值；二是祠堂空间商业化，据了解，目前有许多体量较大的徽州传统村落祠堂被改造为民宿、酒吧、艺术品商店等商业空间，导致祠堂空间被过度商业化，彻底被异化为追求旅游和商业经营效益的经济功能空间。原本古色古香、极具特色的祠堂公共空间，变得与那些泛滥全国各大景区的商业店铺大同小异，破坏了徽州传统村落古朴的风格特色。

在城镇化背景下，传统村落祠堂空间的功能发生了转型，原有的祭祀、宗族议事、教育感化、婚丧寿喜等复合功能基本弱化，甚至消失，向经济功能、文化功能和政治功能等多种功能类型演化。本书基于徽州传统村落祠堂空间的功能现状调研，提出四种功能更新模式：原真性展示模式、民俗展示模式、商业服务模式和公共活动模式。

（四）祠堂空间活化利用模式：原真性展示模式

1. 原真性展示模式基本特征

这一模式主要是针对文物保护单位祠堂建筑的一种原真性保护与展示，同时，这也会带动村落旅游业的发展。原真性展示通常要求祠堂本身具有极高的独特的文化价值和艺术价值，并且在使用功能方面，可延续建筑自身的原始功能，如祭祀先祖、举办仪式等。

随着文物旅游的发展，旅游收入成为文物保护单位积累资金的重要手段，文物旅游成为保护文物建筑的一种有效方式。但并非所有的文物建筑都适合旅游开发，这就需要以保护为前提，充分认识和了解文物建筑的旅游价值，为旅游开发提供依据，从而促进文物资源向旅游资源的良性转化。

2. 原真性展示模式祠堂空间活化案例分析

屏山村舒光裕堂由一座建于明代的舒庆余堂和一座建于清代的舒光裕堂组成。它们以朱熹《家礼》为蓝本建造，一南一北，共享一条中轴线。这种布局方式在徽州地区是比较少见的。在传统建筑中，屋之门类似于人之脸面。古人言“宅以门户为冠带”，门坊在建筑模式上代表家族的脸面，也是整栋建筑装饰之精华所在。与西递的胡氏祠堂不同的是，舒光裕堂采用的是贴墙牌坊的形式。舒光裕堂因门楼上有300多个砖雕菩萨，又名菩萨厅，是徽派建筑中罕见的“牌楼门”（图4-3）。舒光裕堂门楼用彩色也是徽州独一无二的。

舒光裕堂的两座建筑南北相随，别具一格，在一座祠堂里面可以感受到两个朝代不同的建筑风格：明朝建筑用材大，木材以实用为主，清朝的木材小且装饰性较强（图4-4、图4-5）。

如今，舒光裕堂在保护原有建筑风貌及维持原有功能的前提下，充分利用其包括建筑美、原真性、完整性、地方性、奇特度、稀缺度、知名度在内的旅游价值为传统村落旅游开发提供依据，从而促进文物资源向旅游资源的良性转化。此外，舒光裕堂还曾作为会场举办过各类创意活动（图4-6）。

图4-3 舒光裕堂牌楼门（图片来源：赵鹏飞 摄）

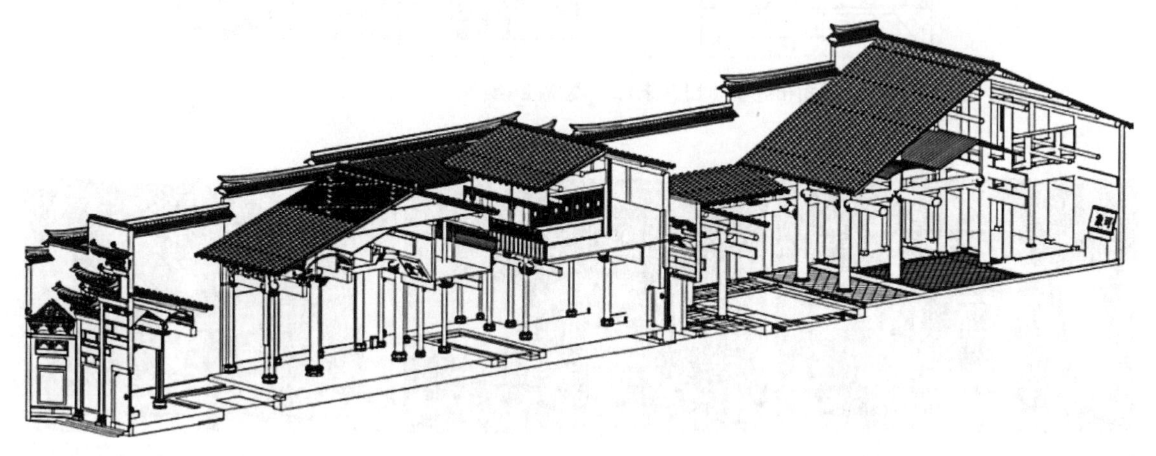

图4-4 舒光裕堂轴剖图（图片来源：赵鹏飞 绘）

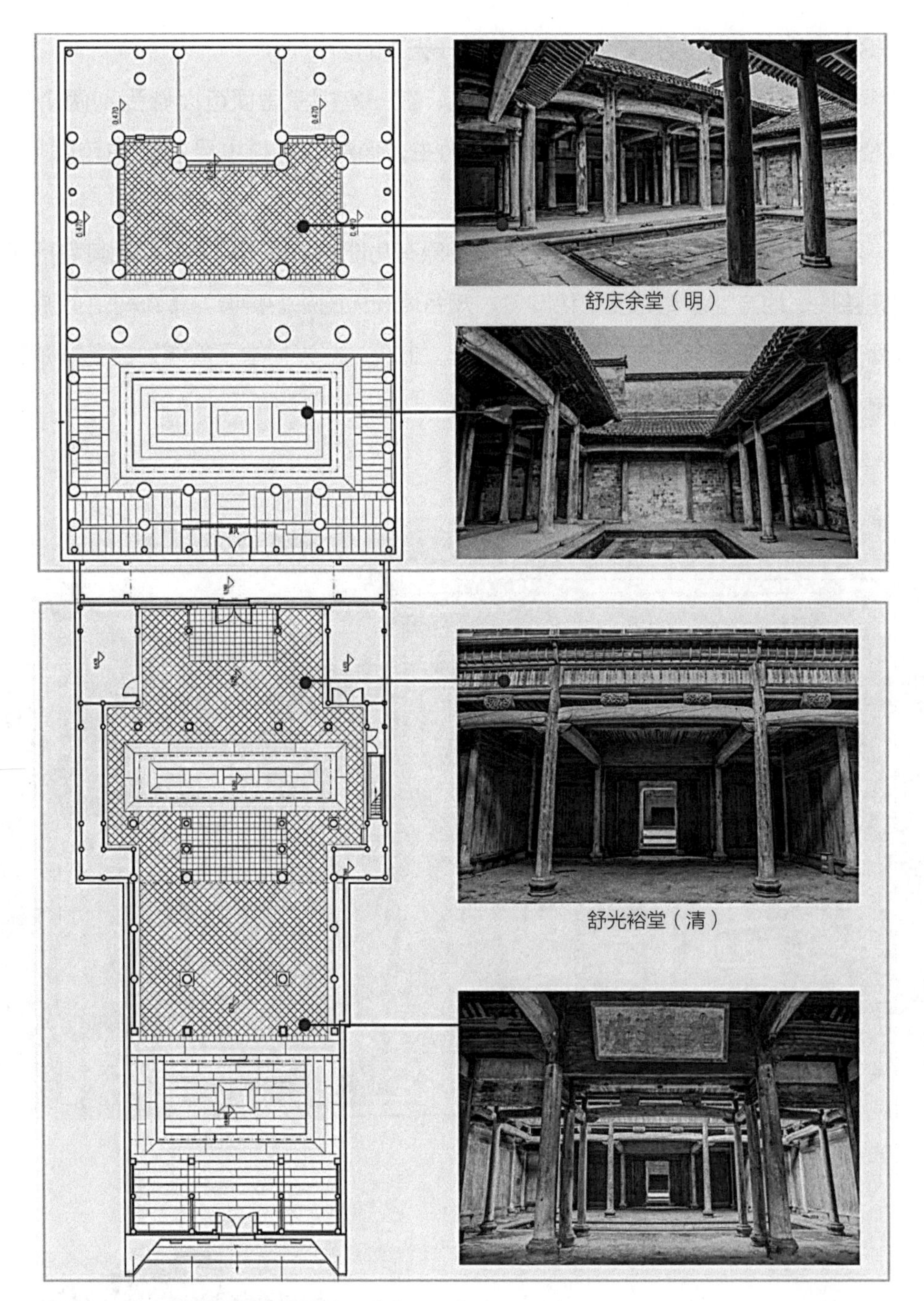

图4-5 舒光裕堂平面布局图（图片来源：赵鹏飞 绘）

图4-6 舒光裕堂举办旅游盛典活动现场（图片来源：赵鹏飞 摄）

（五）祠堂空间活化利用模式：民俗展示模式

1. 民俗展示模式基本特征

这一模式下的祠堂功能类型主要为文化功能，适用于保存较好、具有较高历史文化价值的祠堂文物建筑，在严格保留其原真性和完整性的前提下，对其适当修缮，并通过文化宣传、民俗表演和文物展示来进行文化传播交流。古时在戏台上演出时，灯火辉煌，台上的表演和楼檐上的各色雕饰融为一体，戏里戏外别有一番风味。从流传下来的民俗文化来看，徽州乡民对戏剧演出表现出特别的偏好，不论迎神赛会还是婚丧喜庆都要演戏，如西递村的胡氏宗祠敬爱堂，专家学者在此开展徽文化论坛，政府在此挂牌至孝书院，并且组织胡氏后代村民于每周二至周日表演徽州祠祭节目，每周六和周日表演徽州婚嫁节目；南屏村的奎光堂则作为戏台、神龛、雕饰等文物展示的宗族文化“博物馆”，吸引大众前来了解徽州祠堂文化。

2. 民俗展示模式祠堂空间活化案例分析

1）唐模村——继善堂

继善堂，是唐模村许氏三大支祠之一，始建于明。继善堂历经百年沧桑，自然的侵蚀和人为的侵害使其损毁非常严重。为保护唐模的旅游资源与开发，弘扬“徽商”精神，丰富徽文化内涵，2009年9月，徽州区政府、潜口镇政府及唐模景区联合投资500万元，按照“修旧如旧”的原则，对继善堂进行了全面修缮。经过一年多的整修，继善堂的前厅、中厅和后厅已经全面修缮完成，并于2011年春节正式对外开放（图4-7）。

现在的继善堂，主要职能是作为黄梅戏的演出戏台，每天固定的时间有专业的演员演出。

继善堂为三进二天井结构，门厅之后是长窗制成的照壁，一方天井联系正厅，正厅空间现在摆的是观戏座位，两厢为廊庑，廊庑现在的功能是陈列书画与徽文化展示牌等（图4-8～图4-10）。长窗照壁，裙板刻各式荷花，娇而不媚。正厅即享殿，单层，面阔五间，明间最宽。中间为四界梁，前后接廊轩，用四柱。正厅的两边现为书法作品展示及商业空间，售卖字

图4-7 继善堂入口鸟瞰（图片来源：赵鹏飞 摄）

图4-8 廊庑空间的利用（图片来源：赵鹏飞 摄）

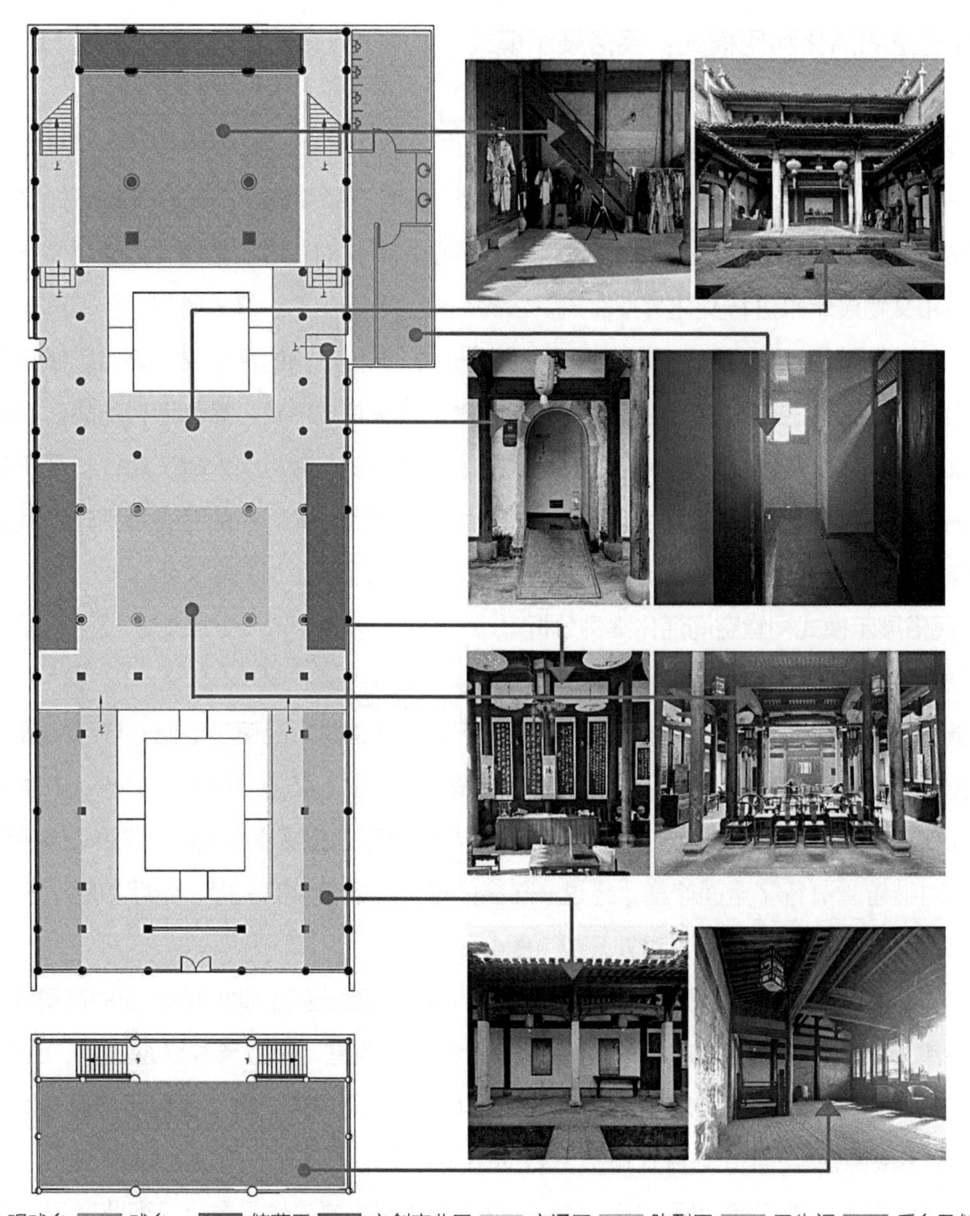

图4-9　继善堂改造后的空间层次划分及现状（图片来源：赵鹏飞 绘）

图4-10　正厅观戏场景（图片来源：安徽文明网）

画及饮品等。后院正楼为寝楼，两层，为祠堂最高等级建筑，地势也最高，两旁廊庑。寝楼底层用四柱，前檐为方石柱，其余为圆木柱。寝楼一层现在的功能是演出戏台，二层为化妆室兼演出戏服与道具等物品的储藏空间。紧邻祠堂的建筑改造成戏台的卫生间，卫生间的入口设立在祠堂廊庑上。

整体来看，继善堂功能空间活化主要采

取静态保护的利用模式，保留了继善堂原有的建筑空间，同时利用周边紧邻建筑增加祠堂现代适应性功能，改造后最大程度地保全了祠堂的文物价值和教化价值（表4-1）。

继善堂改造前后功能房间对照表 表4-1

	封闭空间	半开放空间	开放空间
改造前	寝楼	寝堂，廊庑，中堂	天井院落
改造后	戏台后台	戏台，临时展厅，观戏台	天井院落

2）南屏村——叙秩堂

叙秩堂，又名叶氏宗祠，建于明成化年间。前檐三间翘角，规格低于支祠，但它给人的视觉美感并不逊色，整体端庄严谨，布局规整而灵动。

1989年，叙秩堂吸引了远道而来的著名导演张艺谋，他选择在这里拍摄了电影《菊豆》。在虚幻的影像世界里，叙秩堂变身为老杨家染坊而为人所知。现实中染坊不会有这样的门楼和天井。

进入叙秩堂，天井中高挂多色染布，在幽暗的光线里神秘地展示着当年张艺谋导演拍摄《菊豆》时的场景（图4-11）。1989年，这里还不是文物保护单位，“养在深闺人未识”，拍摄时还可在此尽情改建或演绎。时至今日，叙秩堂已是全国重点文物保护单位，已经不再能成为电影的取景地。

叙秩堂也是三进二天井的结构，由门厅、正厅、寝楼组成（图4-12）。正厅的太师壁在拍摄《菊豆》时被拆除，使得前后天井互通，寝楼供奉的牌位一览无余，可以感受光线强烈的祠堂正厅，别有风味。整个祠堂的前厅、廊庑、天井和中厅都陈设着当年的电影道具——染坊的工具，使人浑不知身在祠堂还是染坊之内。

图4-11 叙秩堂中庭展示空间（图片来源：赵鹏飞 摄）

图4-12 正厅观戏座位（图片来源：赵鹏飞 摄）

正厅在黟县称为祀堂，采用直梁。中间五架梁，两旁棚轩用四柱。后进寝楼在黟县称为享堂，供奉本族的祖先牌位。前檐明间立柱向两山移位，上施月梁。后进天井狭长，光线幽暗，烘托出神圣的氛围。寝楼地坪高出三级，以示尊崇。寝楼廊轩侧面刻拐子龙纹。中间为承重梁，木楼板，上有二层。木楼梯陡峭，置于靠墙处，最少占用空间，内侧设木扶手。

整体来看，叙秩堂功能空间主要采取的也是静态保护的活化模式，在保留叙秩堂原有的建筑空间与结构的情况下，充分利用祠堂的厅、廊、天井等空间展示祠堂的历史文化资源，同时，也最大程度地保全了祠堂的文物价值和教化价值（图4-13）。

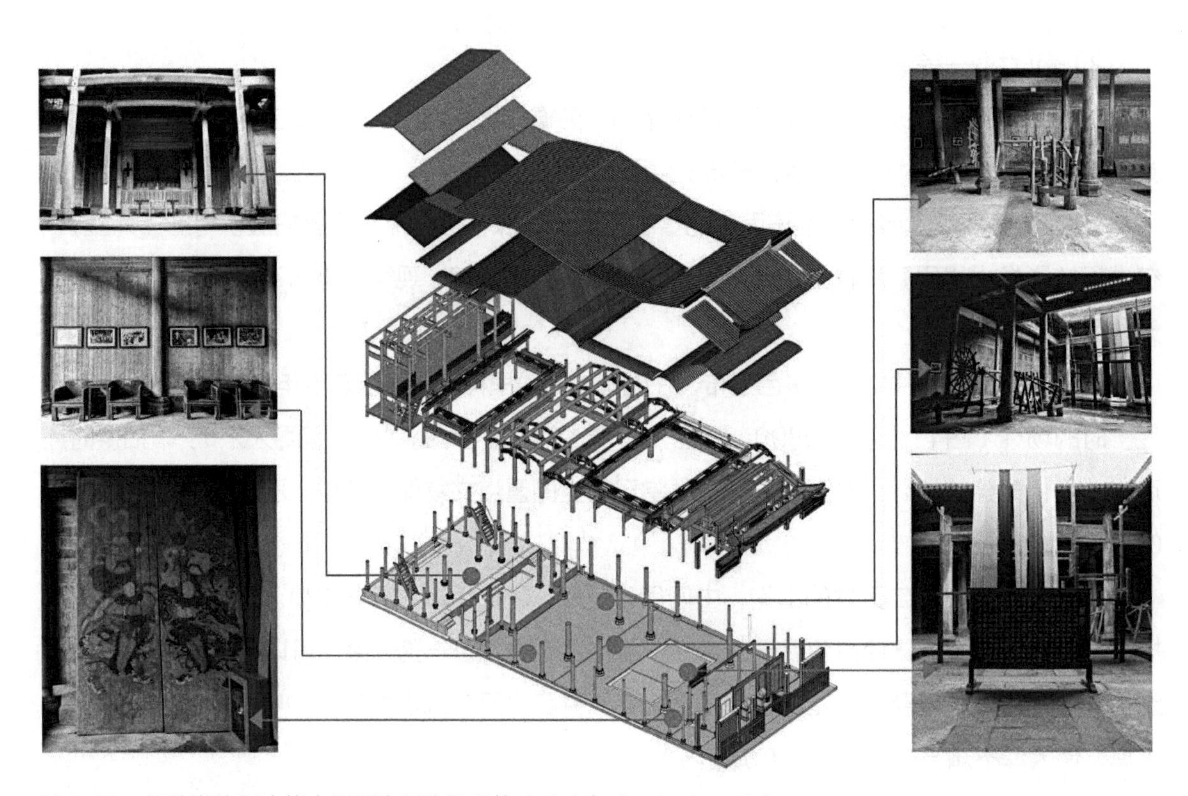

图4-13 叙秩堂使用功能空间层次划分及现状（图片来源：赵鹏飞 绘）

（六）祠堂空间活化利用模式：商业服务模式

1. 商业服务模式基本特征

这一模式下的祠堂功能类型主要为经济功能。由于祠堂遗迹毁坏严重，为了留续祠堂珍贵的历史文化，在保留祠堂外部传统风貌的基础上，将建筑内部结合传统元素重新划分空间，并提供集居住、餐饮、娱乐于一体的现代化设施，以满足游客需要。如屏山村的御前侍卫祠堂，有着华丽的色彩、精细的雕饰以及徽州特有的木材和结构。这里原本因年久失修、损毁严重只剩一张门脸孤存于世，后来被改造为极具特色的“御前侍卫精品民宿”；又如屏山村的舒氏家祠被改造为特色酒吧，吸引了不少游客前往。

2. 商业服务模式祠堂空间活化案例分析

安徽黟县的碧山村保留着数百座明清时期的古民居和祠堂，其中一座便是具有200年历史的祠堂，现被再利用为南京先锋书店的第八家分店——碧山书局。与胡氏众厅通过异地搬迁置换部分功能来对传统建筑进行活化利用不同的是，碧山书局在原址上对原有功能进行了全面置换（图4-14）。

碧山书局的基本形制是两进三开间，第二进的寝堂为两层。整个书店的灵感主要来自徽州当地的建筑、人文、历史、文化和乡土气息，融入了很多本土元素，包括典藏的书籍中讲述的徽州历史。因此，在整个建筑的改造过程中，基本保留了祠堂原有的空间格局，仅在功能上进行与空间相适应的置换。

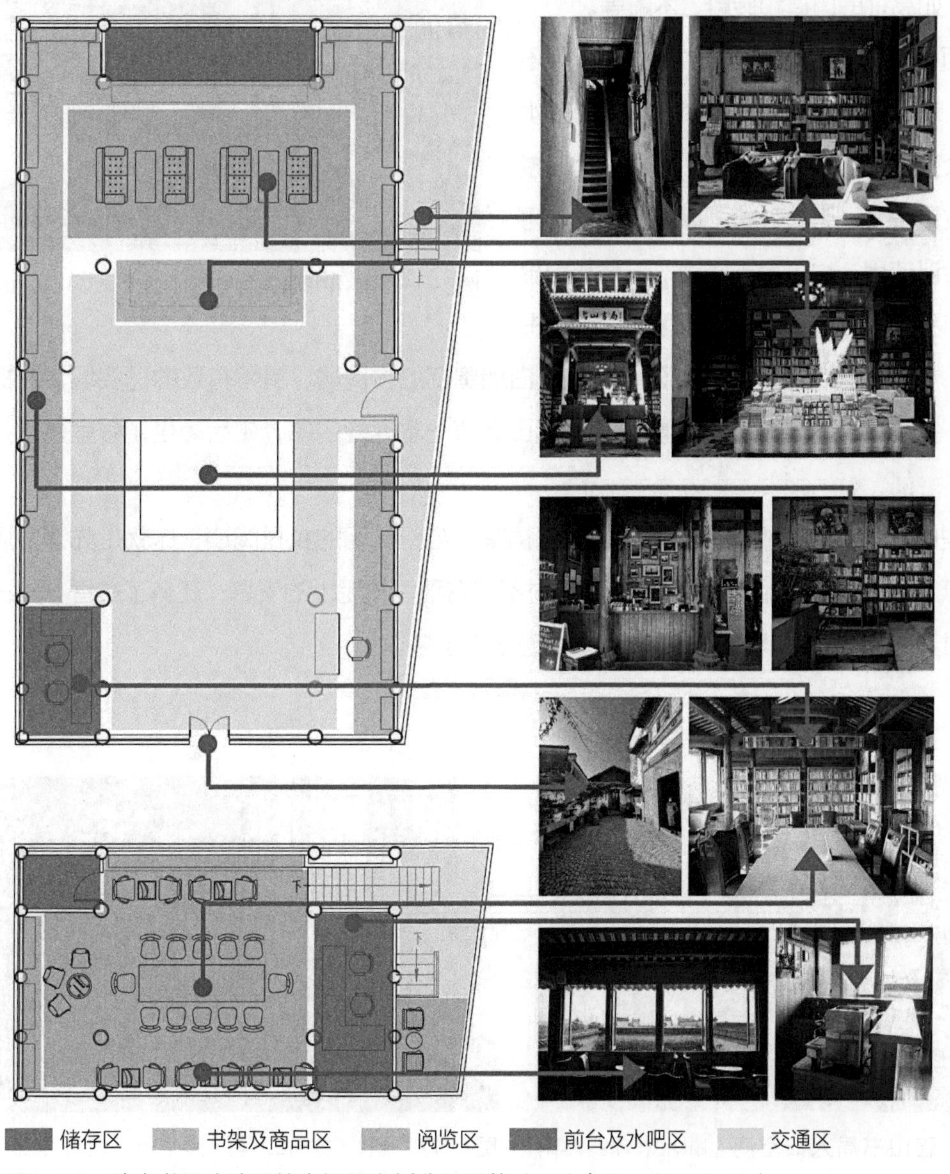

图4-14　碧山书局改造后的空间层次划分及现状（图片来源：赵鹏飞 绘）

祠堂进门是一个敞亮的天井，迎面见一长条石几，上面摆满了花木盆景。祠堂除南面外，其他三面墙都贴墙放着大书架，各种书籍陈列其上（图4-15）。祠堂的前殿部分，入口左侧现在是书店前台，包含了收银及饮品制作等功能（图4-16）。祠堂中央，阳光从天窗直入古老的天井，光线洒落在书籍上使书有了温度。书架上方高挂着文学巨匠们的画像。寝殿一层中央设置了沙发与茶几，可供读者休息和阅读书籍。书局完好地保留了祠堂原先的结构和格局，如高挑的门楣和砖雕、木雕等。

图4-15　碧山书局天井空间（图片来源：赵鹏飞 摄）

北面书架后有一个狭窄的木质楼梯可通往二楼。二楼除了储藏空间及楼梯边上的茶水间，其余空间均为阅读空间（图4-17）。二楼的中心位置设了一张大长桌配以多把椅子，可供小型会议使用，也可用于阅读。二楼利用悬挑的檐廊和宽阔的视野设置阅读区域。坐在书局二楼，放眼望去便是一片徽派建筑风光：白墙黑瓦的古民居、错落有致的马头墙、曲折幽深的街巷、鹤立村头的宝塔以及如影如幻的远山。捧一本喜爱的书，午后静坐，眼里是景，心中亦是景。

典型的徽州历史风貌，明清韵味的古老祠堂，全新休闲的乡村阅读，这就是先锋书店的回归性创意（图4-18）。因为有了书局，碧山村不仅有稻香和泥土的气息，还有了书香（表4-2）。把碧山村当书来读，它就在琅琅的书声中生动活泼起来。

图4-16　碧山书局入口空间（图片来源：赵鹏飞 摄）

图4-17　碧山书局二层阅读空间（图片来源：赵鹏飞 摄）

(a)书架

(b)前厅吧台及茶水间

(c)寝堂二层茶水间

图4-18　碧山书局商业空间(图片来源:赵鹏飞 摄)

碧山书局改造前后功能房间对照表　　表 4-2

	封闭空间	半开放空间	开放空间
改造前	寝楼	寝堂，廊庑，前厅	天井院落
改造后	阅览室及茶水间	阅览室，书架与货架，前台	景观小品

(七)祠堂空间活化利用模式：公共活动模式

1. 公共活动模式基本特征

这一模式下的祠堂功能类型主要为文化功能，是利用祠堂原有的建筑空间改造为现代公共文化服务空间，主要追求的不是经济效益，而是通过丰富公共文化生活来留住村民，以及与外来游客进行徽文化的交流和体验。例如，碧山村的启泰堂被改造为公益书店(碧山书局)后，通过圆木柱子、书架、花坛、通气孔等细节精心营造书香氛围，书架陈列的书籍以安徽建筑、历史文化以及乡村建设等内容居多，民众可以免费参观和阅读。

2. 公共活动模式祠堂空间活化案例分析

1)胡氏众厅

胡氏众厅原位于徽州区西溪南镇上长林村，为长林胡氏一支祠堂，始建于明代万历壬辰年(1592年)。清代同治年间重修，面阔16.31m，总进深18.44m，占地面积307.16m^2。平面布局为门厅、东西厢廊及天井、寝堂。该祠建筑风格浓郁，建筑技艺精湛，是徽州祠堂建筑精品之一，2008年4月被列为徽州区重点文物保护单位。

2010年，因京福高铁黄山北站建设需要，经上级管理部门批准同意，胡氏众厅由原址迁至安置区予以恢复，迁建工程由京福高铁项目部投资，黄山市徽州中亚建筑安装古典园林有限公司施工，2011年5月开始搬迁，2013年11月修复竣工。工程严格遵照原拆原建、不改变原状的文物维修原则实施(图4-19、图4-20)。

胡氏众厅原来的功能是胡氏家族议事场所，现在的功能为社区活动中心(图4-21)。平面布局为两进三开间，门廊、天井、东西厢廊及寝堂。胡氏众厅第二进人字轩廊下的凤栱较有特色。在原址重迁再利用过程中，保留了建筑的平面布局和装饰特征，在祠堂的东西廊用桌椅等家具将寝堂空间功能置换为老年人的棋牌娱乐活动空间和社区公共活动室，也可以供社区学生放学后自习使用（图4-22、图4-23，表4-3）。

图4-19　胡氏众厅迁移改造后现状

图4-20　寝堂空间转换为公共服务空间

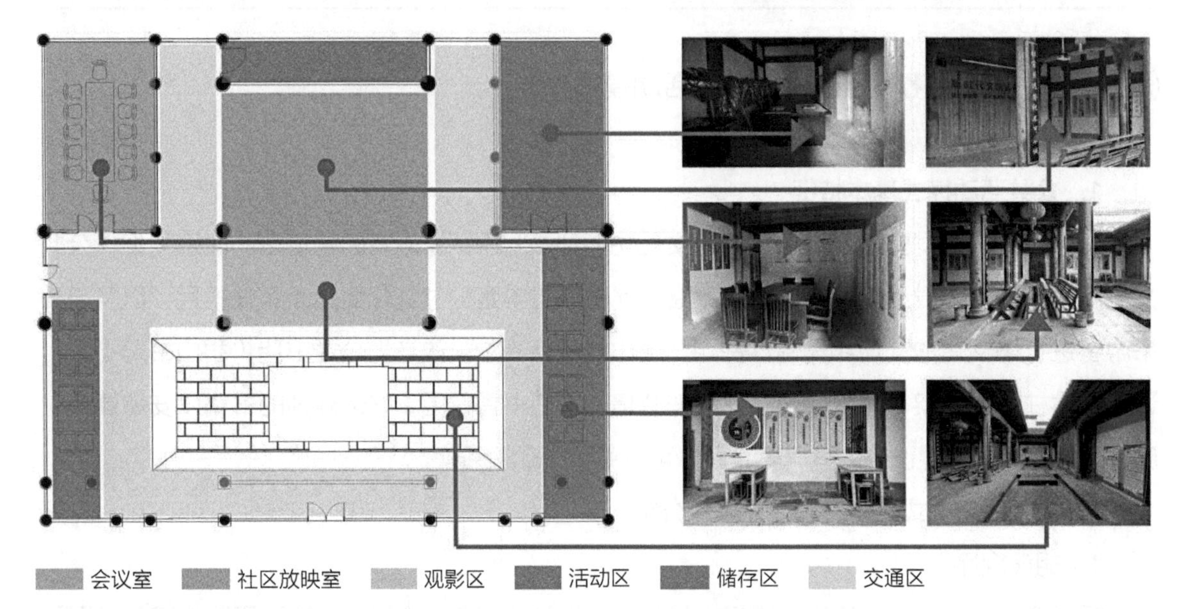

图4-21　胡氏众厅改造后的空间层次划分及现状图（图片来源：赵鹏飞 绘）

图4-22　功能替换后的办公空间（图片来源：赵鹏飞 摄）

图4-23　功能替换后的走廊空间（图片来源：赵鹏飞 摄）

胡氏众厅改造前后功能房间对照表　　表 4-3

	封闭空间	半开放空间	开放空间
改造前	厢房	寝堂，廊庑	天井院落
改造后	会议室与储藏间	社区放映室， 棋牌室与自习室	天井院落

在越来越平面化的城市空间里，“通高空间”被教条化，只作为一个物理状态存在，忽略了共享和交流的核心。而在这样一个社区里，因一座祠堂的迁入为老人和孩子提供了一个交流活动的场地，完成了一次真正意义上的共享交流。同时，祠堂作为建筑本身的价值也被生动直观地展现出来。

2）南屏村——程氏宗祠

程氏宗祠宏礼堂为南屏村的程姓祠堂之一，完好地保留了大理石柱、八字墙等雕刻精美的建筑结构，门口雕刻着特别图案的抱鼓石由黟县青石所制，现作为村民委员会的办公空间，巧妙地借助了祠堂在村民心中的治理权威，这在本质上延续了原有的宗族管理功能。

程氏宗祠的基本形制是三进三开间，第三进的寝堂为两层。祠堂一进门前厅的左右两侧现在分别为茶水间与配电间，其中茶水间为开敞式，配电间四周有隔墙。穿过中庭来到中堂，中堂的中央摆了一张较大的会议桌，会议桌的两侧设置了办公工位与文件柜等办公设施。村民委员会经常会在宏礼堂里利用中堂大会议桌举办留守儿童暑期班（图4-24），天井下，一堂堂生动的徽文化课在这里讲授。祠堂的寝殿部分利用率不高，主要储藏一些办公设备与文件等。

整体来看，程氏宗祠功能类型主要为政治功能，是一种延续并适应性改造原有宗族管理功能的更新途径，程氏宗祠功能空间的更新主要采取静态保护的利用模式，保留原有的建筑空间，在旧空间中利用隔墙增加村民委员会所需的新功能。在这种模式下，新要素与旧要素之间彼此关联，延续了原有的宗族意识形态（图4-25，表4-4）。

图4-24　留守儿童暑期班场景照片（图片来源：赵鹏飞　摄）

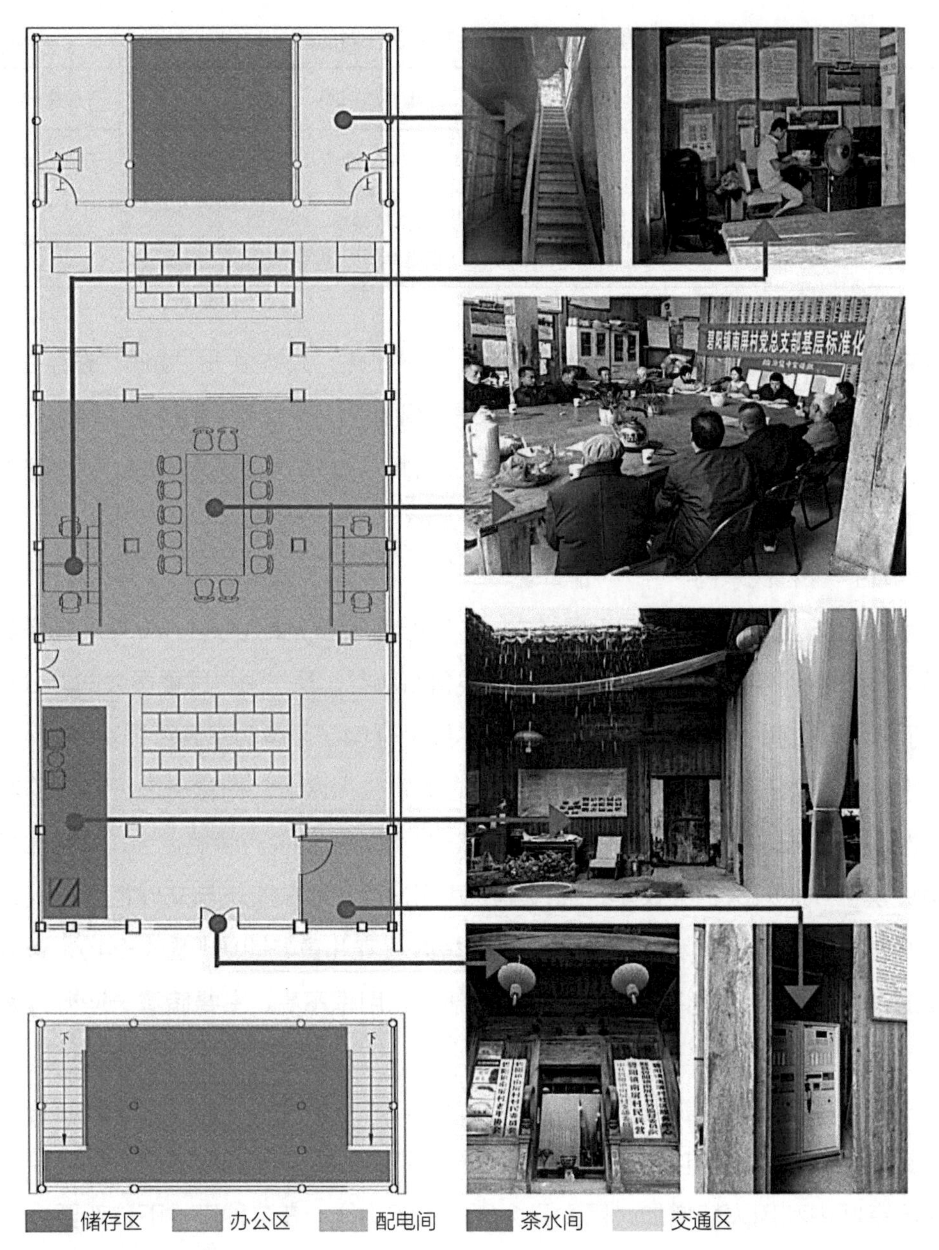

图4-25　程氏宗祠改造后的空间层次划分及现状（图片来源：赵鹏飞　绘）

程氏宗祠改造前后功能房间对照表　　表 4-4

	封闭空间	半开放空间	开放空间
改造前	寝楼	前厅，廊庑，中堂	天井院落
改造后	储藏间	配电室，茶水间，办公室与会议室	景观小品

二、建筑活化模式

（一）徽州传统建筑的空间特征

1. 平面形制

建筑的平面组织直接关系到功能流线的合理性、立面形态的艺术性、空间使用的便捷性，反映了人们在建筑建成、使用、发展年代的地域文化、生活水平、尊卑意识等。徽州传统村落倚山而建，地狭人稠，且建筑用地不得占用耕地，民居形成楼高紧凑、庭院较小的建筑风格，并以天井为中心进行空间组织，形成“门廊—天井—厅堂—左右厢房—楼梯—厨房—庭院”的布局形式。建筑平面组织方式可分为单体式和组合式。

1）单体式平面

徽州传统建筑的单体式平面指只有一个天井的平面组织方式，有凹字形、回字形两种样式（表4-5）。

单体式平面类型　　表 4-5

类型	天井数	图解	案例	解析
凹字形	1	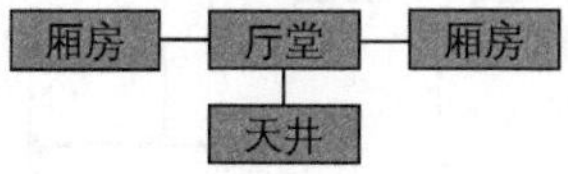 厢房 厅堂 厢房 天井	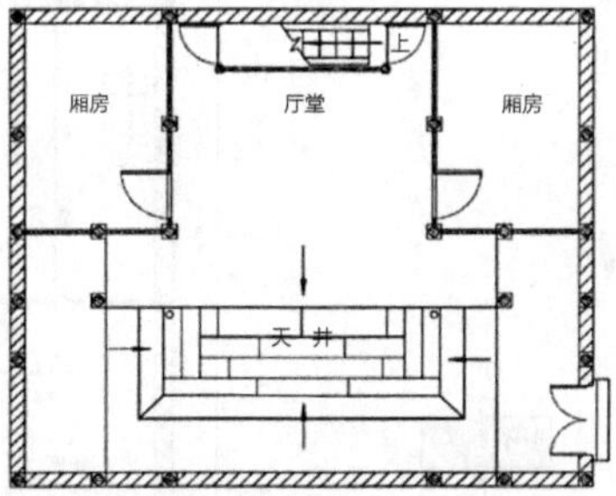 厢房 厅堂 厢房 上 天井	“三间式”，又称“明三间”（无厢房）或“暗三间”（有厢房），为中等规模住宅
回字形	1	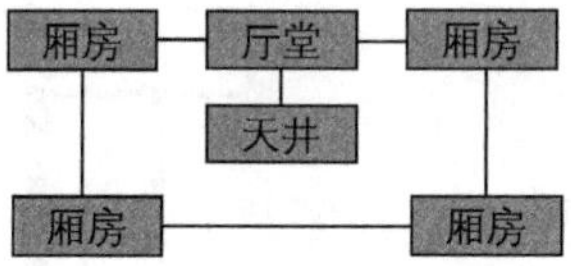 厢房 厅堂 厢房 天井 厢房 厢房	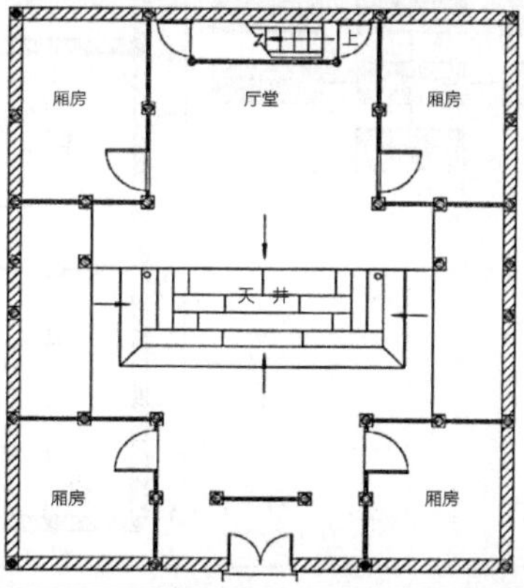 厢房 厅堂 厢房 上 天井 厢房 厢房	天井居中，四角各设厢房，又称“四合式”，俗称“上下对堂”

2）组合式平面

徽州传统建筑的组合式平面指由两个及两个以上天井组成的平面，有日字形、H形两种样式（表4-6）。

组合式平面类型 表 4-6

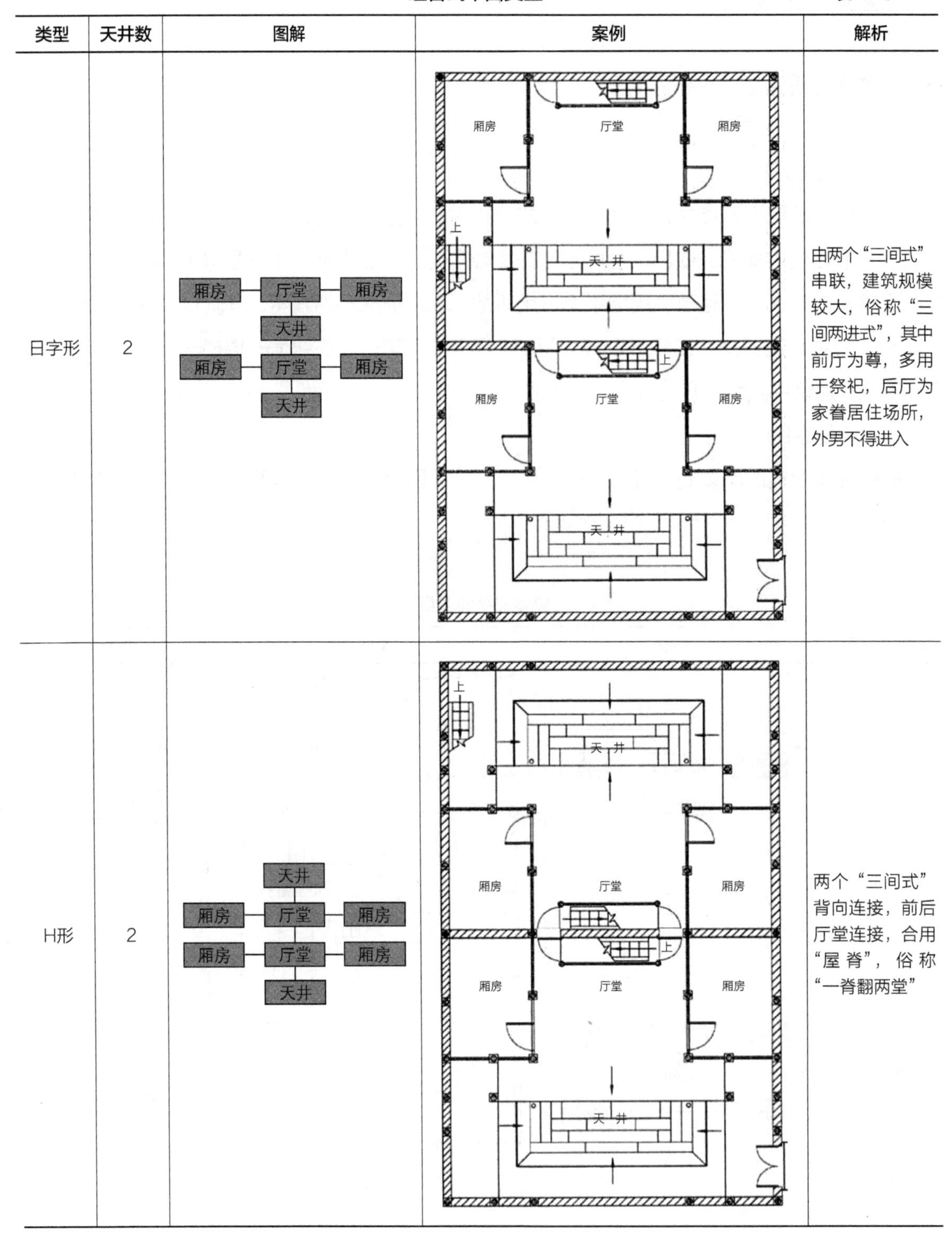

类型	天井数	图解	案例	解析
日字形	2	厢房—厅堂—厢房 天井 厢房—厅堂—厢房 天井	厢房 厅堂 厢房 上 天井 厢房 厅堂 厢房 上 天井	由两个“三间式”串联，建筑规模较大，俗称“三间两进式”，其中前厅为尊，多用于祭祀，后厅为家眷居住场所，外男不得进入
H形	2	天井 厢房—厅堂—厢房 厢房—厅堂—厢房 天井	上 天井 厢房 厅堂 厢房 上 厢房 厅堂 厢房 天井	两个“三间式”背向连接，前后厅堂连接，合用“屋脊”，俗称“一脊翻两堂”

2. 空间特征

1）以“堂寝关系”为核心的建筑格局

清张惠言考证春秋《仪礼》后，著《仪礼图》，上绘有春秋时期士大夫住宅格局：中轴对称布置，庭院式住宅，前堂后寝，两侧为厢房，这种住宅格局大体上是后来汉族庭院式住宅的雏形。根据已有的文献资料以及考古发现，汉代已经出现了院落组合式的民居，如汉庭院画像砖上“两路两进”的院落组合，之后2000年来更多的是在此“堂寝关系”基础上发展。

“堂，殿也。”《说文》中注释：“古曰堂，汉以后曰殿。古上下皆称堂，汉上下皆称殿。至唐以后，人臣无有称殿者矣。”《尔雅·释宫》：“室有东西厢曰庙，无东西厢有室曰寝，无室曰榭，四方而高曰台，陕而修曲曰楼。”此处的“庙”是早期的堂，是一座完整的建筑，“寝”亦是建筑物，而在普通住宅建筑中，“堂”“寝”则是同一建筑的不同使用空间。在整个传统建筑布局的演变过程中，以“堂”“寝”关系为核心，逐渐演变并最终确定为平面布局，这与由家至宗族、由民至官的伦理制度有着不可分割的关系。从考古发现，最早“堂”“寝”关系可追溯至仰韶文化时期，“半坡1号房屋，进门处是一大间，后面划分为三小间”，此是“前堂后寝”的最早雏形；而从最早的宫室营造的文献资料《考工记》中“左祖右社，面朝后市”来看，统治阶级建筑群营建也是以“堂”“寝”关系为营建的核心，称为“前朝后寝”。这种以“堂寝关系”为核心的建筑布局方式影响着包括徽州传统住宅建筑在内的整个传统建筑体系。

2）天井空间要素

天井是徽州传统民居中最为活跃和重要的内部空间元素，一般占地面积不大，形状为狭长矩形，两侧延伸到厢房的窗户中线部位。天井空间是单坡斜屋顶组合而成的空间界面，雨水能够通过屋顶而汇聚在天井，形成四水归堂的意象，体现了徽州地区深入人心的“天人合一”思想。根据天井布局形式的不同，徽州民居可分为不同的类型，包括“四水归堂”“三水归堂”。

天井空间除了建筑空间上过渡与连接的作用，还有技术与实用性方面的作用，如天然采光、自然通风、给水排水、防火等。

采光对于建筑来说非常重要，也影响着人们的心理感受。徽州民居建筑由于受到文化以及地理环境影响，建筑都是高墙与小窗的结合，采光条件很差。天井的存在改善了建筑光环境，使得建筑在适应气候的同时，也能够使居住者与外界产生互动，享受到阳光与新鲜空气。天井的存在使得厅堂的采光条件是最好的，也从另一个角度证明了厅堂空间是家庭中重要的交往空间。

天井是形成自然通风的重要条件，在风压和热压的作用下实现空气流动。空间尺度的变化会造成空气密度的变化，从而形成压力差，空气流动会形成气流的交换，在物理上俗称“烟囱效应”，也叫“拔风”。天井的存在为室内外气流交换提供了重要途径，在夏季能够起到降温的作用。

通过对民居屋顶平面的研究发现，建筑屋顶都向天井方向内坡，因而天井可以将屋顶的雨水收集起来，通过设置在天井下方以及内部的排水沟将雨水排到村落的排水网络当中去。天井阴沟与村落的街巷水系、水池、村外的溪流河道组成了完善的排水系统，并且蓄水池的设计可以起到调节室内微气候的作用，使其更适宜居住。

徽州传统民居由于建筑用地稀缺，建筑密度大，不得不考虑防火。除了民居中封火山墙与马头墙，天井下方也会设置蓄水池，为灭火提供最近的水源。

（二）徽州传统民居空间的多元价值

传统村落民居是农耕时代的物质见证，具有悠久的历史。传统村落承载着历史记忆，具有珍贵的研究价值和文化价值。

1. 历史价值

建筑是“世界的年鉴”，是“石头的史书”。传统民居之所以具有历史价值是因为其见证岁月变迁，或在历史层面具有特殊意义或纪念性。历史价值强调建筑对特定年代历史信息的原真性反映，其反映能力与建筑的功能、等级直接相关。建筑越古老，类型越稀缺，作为某种历史证物越少，它的历史价值也就越高。

徽州传统民居建筑历史价值包括多个层面的属性，其核心内容反映了建筑产生、使用、发展年代的社会经济以及日常生活。其中，社会经济包括社会生产力、社会物质资料、个人或家族创造拥有的物质财富；日常生活是指人们的社会阶级、思想观念、价值取向等。此外，传统民居历史价值的高低与其年代、地理位置、主人社会地位、建筑类别有关。

2. 艺术价值

艺术价值是指传统民居自身比例、尺度、色彩、光影等形式美或建筑产生、使用、发展年代的艺术风格、流派和人们的审美观点、社会风尚等。一个地域的建筑能够形成同种风格是因为在特定时期、特定地区存在某种能被最广大群众所接受的艺术文化，并且其建筑形态能够满足社会某些阶层的特定需求。因此传统民居艺术价值除诉诸人的感官外，还反映了在建筑建成年代人们对传统民居的理性需求。

徽州传统民居建筑的艺术价值内容丰富，主要包括建筑的艺术文化背景、工艺技术水平、室内装修艺术、材料的质感以及建筑自身的形式美。其中艺术文化背景是指建筑建成、使用、发展年代的艺术思想、艺术风潮、创作手法、审美观念等。建筑自身的形式美是指建筑抛却地域文化、人文情感后对美的直观表达，包括人们对建筑比例尺度的控制、色彩明暗的运用、虚实关系的雕琢等。另外，建筑的工艺技术水平、室内装修艺术、材料的质感，皆属于建筑的艺术创作，内容包括建筑的室内外雕刻、家具摆放、材料运用等。

3. 科学价值

科学价值是指由建筑物本身所传递的物质信息，它反映了建筑产生、使用、发展年代的建造工艺、科学水平、社会生产力，以及人对自然、建筑的基本认识。建筑的科学性体现在建造技术、结构构造、材料使用、空间功能以及建成环境等方面。

徽州传统民居建筑的科学价值包括建筑的科学技术背景、结构技术特色、空间布局特色等。其中，科学技术背景是指建筑能够反映建筑建成、使用、发展年代的科学技术水平以及施工技术；结构技术特色强调建筑结构的材料选择、建构逻辑以及独特性；空间布局特色讲究建筑平面布局方式，空间、流线以及功能构成逻辑等。

4. 环境价值

在我国，建筑与环境是不可分割的两个部分，“天人合一”的建筑观始终是我国建筑界对环境的基本态度。《老子》有云:“人法地，地法天，天法道，道法自然。”这里的“天”是指无所不包的自然，是客体；“人”是与天地共生的人，是主体。天人合一便是主客体之间的互融。因此，环境价值是指在建筑选址、建造、使用过程中，人们对环境的态度以及建筑融合、利用、改造自然的能力。在建筑环境概念中，环境包括大环境与小环境。其中，大环境是指建筑物的外部空间环境，包括山脉、河流、气候等。而小环境是指建筑内部的庭院、天井、园林。小环境对建筑内部空间感、微气候、生活环境的营造至关重要，也是我国传统民居的一大特色。

传统民居的环境价值包括建筑自然观、建筑选址、环境协调性、风貌影响度以及庭院景观配置几个方面。其中建筑自然观是环境价值中的核心内容，对传统民居的选址、设计、使用有着指导作用，反映了人们适应、利用和改造自然的态度与手段；建筑选址、环境协调性、风貌影响度则强调建筑对周围环境的影响，包括建筑对周围环境的协调能力，以及对村落街巷风貌的影响程度；庭院景观配置则囊括了民居内景观改造手法，如配景、对景、框景、夹景、漏景、借景、障景、添景等，以及庭院在建筑空间结构中的重要性、景观精美度等。

5. 经济价值

传统民居的经济价值指人们通过经济行为从建筑的延伸价值中获得的利益，是建筑在与人类、社会、环境互动中所产生的货币交换能力。经济价值以实用主义与现实主义为立场，对建筑的用途以及其本身的交换价值进行货币上的评定。将传统民居投入使用并产生经济效益是传统民居再利用的关键问题，必须在确保建筑物质精神价值不受破坏的基础上完成，这是传统民居改造过程中的重点。

传统民居经济价值的主要内容包括刺激消费、交通区位以及建筑成本。刺激消费是建筑对当地环境的影响，部分建筑物会因自身形态足够独特，具有纪念性、文化性，能够刺激当地旅游产业的发展，或者由于属于景区的一部分，对景区风貌的构成或功能结构产生影响，从而具有一定的经济价值。交通区位以及建筑成本是指建筑自身的经济属性，其中，建筑成本是指建筑改造以及后期运营过程中的开销，其花销是传统民居改造过程中的固定经济行为。交通区位则与建筑刺激消费能力相辅相成，建筑所处地区交通越便捷，建筑的刺激消费能力也就越高；而对当地经济产生足够刺激后，交通系统也会随之得到发展。

（三）徽州传统建筑的当代困境

1. 空心化严重[①]

国家统计局颁布的《2019年国民经济和社会发展统计公报》显示，2019年我国城镇化率为60.60%。越来越多的人涌向城市，城镇化发展使得我国的自然村人口数量锐减，传统村落常住人口越来越少，传统村落空心化严重，且留在村落中的大多为老人和儿童。尤其在旧村区域，除了老人，几乎见不到年轻人。

2. 自然损毁

在传统村落空心化背景下，大多数传统民居拥有者会选择去城市居住或另选宅基地新建，传统民居由此被闲置。闲置的传统民居由于缺少保护，在岁月的侵蚀中不同程度地受到损毁。情况严重的是整座建筑坍塌，情况较轻的是局部受损坍塌，后续也没有得到妥善修缮，使得传统文化随之流失。

3. 人为破坏

随着时代发展，传统民居已无法满足现代生活需要，于是很多人开始对自建住宅进行改建。由于大多村民向往城市生活，希望拥有一个新的大房子，意识不到传统民居的重要性，并且缺少专业知识，因此在改建、修建过程中，传统民居逐渐失去了原本的样貌与特色。

4. 保护性破坏

自2012年推行评选中国传统村落等活动，传统村落与民居开始受到重视，部分传统村落与民居开始着手实行保护措施。但是一些传统村落与民居在进行保护修缮时，单纯为了仿照传统建筑而修缮或新建，出现了“拆旧建新”以及刻意去“修新如旧”的现象，反而破坏了传统村落的原真性，导致所建成的建筑物与村落原有风貌格格不入，无法使人产生代入感，造成了保护性破坏。

5. 商业性破坏

近年来涌现出一批发展旅游村落的例子，如乌镇等，使得很多传统村落争相往旅游业方向发展。但是，一些急功近利的开发商无视传统村落的原生态魅力，过度开发，对传统村落造成了破坏。

在城镇化背景下，徽州地区一些传统民居以提高自身的利用率为目的，利用先进的技术和材料，对民居的内部空间、外部形式等方面进行修复和更新以适应建筑新的功能，通过对民居功能的拓展使用以重新焕发传统民居的活力。基于对徽州地区的传统民居的功能现状调研，本研究提出4种功能更新模式，分别为业主自住模式、原真性展示模式、商业经营模式和民宿服务模式。

---

① 摘自《共生思想视域下传统聚落保护与活化研究》。

（四）徽州传统建筑活化模式：业主自住模式

1. 业主自住模式基本特征

随着对快速城市化、工业化以及现代农业发展带来的不利因素的反思，不少人为了实现自己绿水青山间的浓浓乡愁和回到旧时平淡初心的梦想，租购当地老宅，在保持原始外观的基础上，融入自在艺术的灵魂。他们全程参与老宅改造，力求把自己的理念完整地倾注其中。返乡人士、退休老人等乡村创客群体，选择远离城市的喧嚣，到生态良好的传统村落定居生活，实现了房屋主人青山、绿竹、溪水、耕种、采摘的乡村田园梦想。这些乡村创客在传统村落中的生活实践，不断影响着本地居民对乡土价值的认同，也吸引着本地居民主动投身到村落建设中来，使传统民居更具生命力。

2. 业主自住模式空间活化案例分析

祁门县文堂村开展以政府为主导的EPC模式乡村振兴，代表政府的文旅公司和艺术家联合参与经营管理，探索以推动乡村地缘活力、激活乡村经济、留住乡村文脉为目标的乡村建设，打造文堂艺术村落特色。借由文堂村艺术村落项目，组织村民与工匠参与乡村建设，发挥各自特长。为了顺利开展此项工作，政府先行收购了一栋废弃民宅，对其实施更新改造，以满足艺术家开展创作活动和参与乡村建设工作的需求，并作为村内民居改造首批示范点。

改造的徽州民居（当地俗称老宅）位于上文堂中心处，西靠村落新修的公路，东邻村内的商业老街，且紧邻村里的祠堂与小学，地理位置优越。老宅周边的文堂村祠堂与小学拟改造为当地的艺术馆，与周边配套形成村落的艺术中心，老宅改造后作为艺术中心的配套功能用房。改造之初，由画家领衔的艺术家团队参与乡村振兴和经营管理的同时，开展艺术创作。为了解决艺术家前期生活和工作需要，先期开展老宅改造以满足他们艺术创作和居住生活的需要。

老宅改造前为徽州民居典型的两层、三开间、双坡屋顶建筑，砖木结构，主体建筑保留完好，建筑外立面相对完整。因长期空置，出现屋面漏雨、采光通风不足、利用率低以及基础设施差等不适宜现代居住的问题，宅前的庭院也日益荒废（图4-26）。

老宅改造在功能布置与空间尺度上适应现代人的生产生活，对空间进行最大化利用。艺术家

图4-26　文堂村老宅改造前现状（图片来源：王康英 摄）

团队为相对固定人员共5人，老宅改造要满足他们短期从事艺术创作活动的居住需求，类似“快捷酒店式”。艺术家是具有独特个性与充满艺术思维的群体，需要高度自由的空间，也需要交流和研讨空间，以达到“集中艺术创作”的工作目的。房间配置上，设单人间、标间及三人间，均配备独立卫浴、餐厅、厨房等辅助功能；室内物理环境上，改善了老宅原有采光通风及潮湿等问题，总体满足艺术家在村内的自助生产、生活需求（图4-27）。

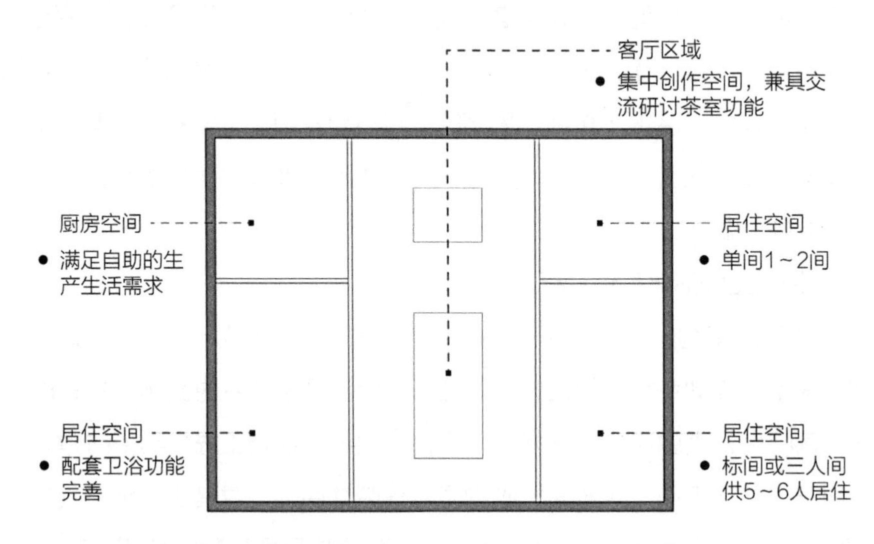

图4-27 文堂村老宅改造后空间格局（图片来源：王康英 绘）

艺术家居住空间要满足住宿、餐饮、茶室以及创作交流等重要功能。改造前一层两侧为厢房，中间为堂屋，堂屋与后厅之间设有通向二层的直梯，二层为利用坡屋顶的储藏空间，东南角设置厨房与猪圈等辅助功能，北面有入口小院，西面为开敞院落。总体存在空间利用率不足，实际使用面积较小，基础设施差等问题。改造时连通一层公共空间，打通原前厅与后堂，将厅堂的屏风改为通透式的圆形木屏风，拆除原有屏风后的楼梯，提高中间餐厅与客厅的使用舒适度，满足集中创作、交流、展示以及就餐、会客的需求。拆除原有猪圈与厨房的内部隔墙，改造为一个三人间和设备齐全的小型现代厨房，配套备餐间，满足艺术家基本生活需求。二层原为单一储藏功能，改造后降低一层局部层高，扩展为居住功能，设置3个相对私密的卧室，配备相应的卫生设施，能满足5人居住。各个房间分别从各自独立的木楼梯上到二层，使得居住空间互不干扰。建筑总体达到可使用建筑面积200m^2（图4-28、图4-29）。

通过对一层的功能优化和空间重组，最大程度提高了空间使用率。针对原有二层储藏空间平均净高不足2m、一层屋顶原木板和部分梁柱需加固、原建筑屋面破损严重需落架大修等实际情况，改造方案局部“降低”了一层顶板高度，将二层原有储藏空间重新利用，优化重组二层功能，形成了简约私密的居住空间（图4-30）。原有西北角后厢房的楼板拆除后改为上到主卧的旋转楼梯，厅堂上方的主卧楼板保持不变，降低餐厅部分的楼板高度，退出一个平台，既开阔了主卧视野，又解决了原有空间高度不足的问题。拆除两边厢房的楼板，将楼上、楼下打

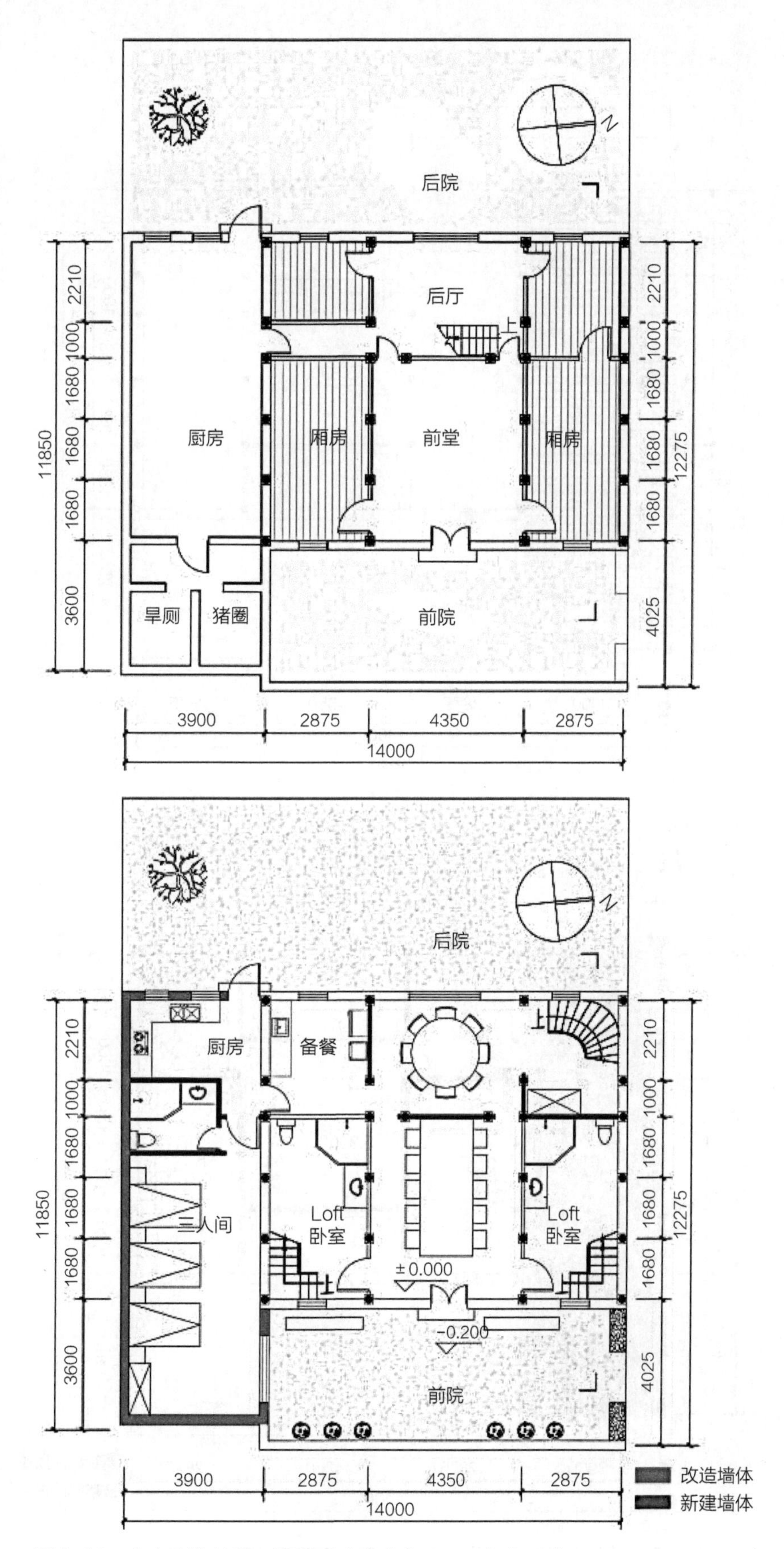

图4-28 老宅改造前后一层平面（图片来源：王康英 绘）

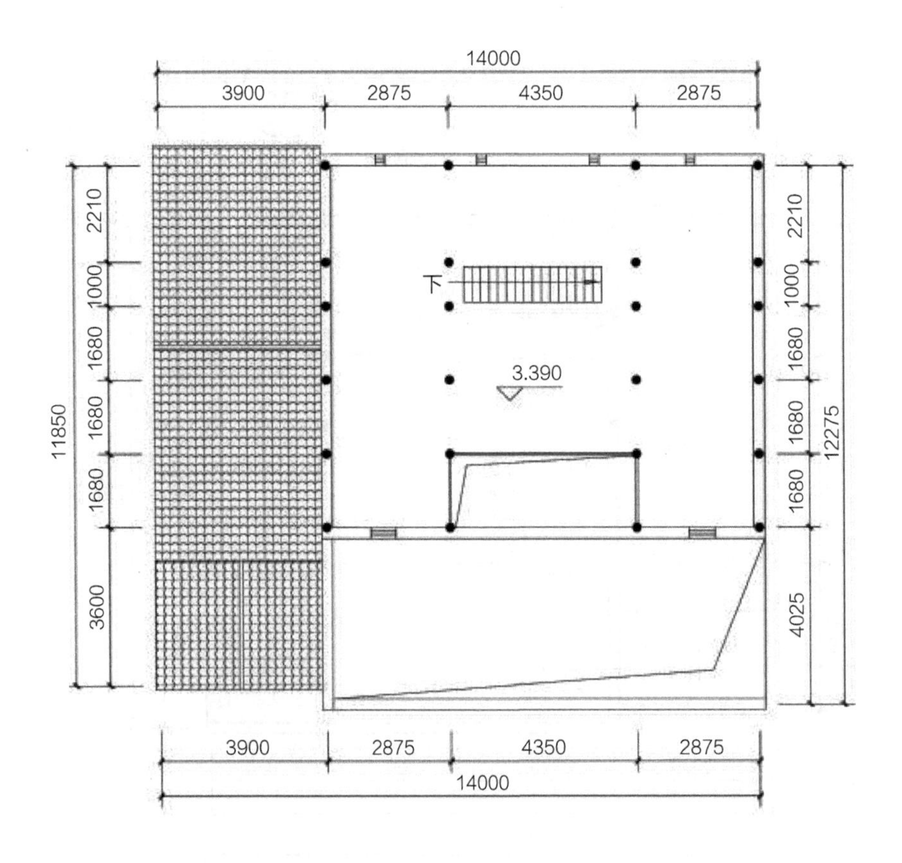

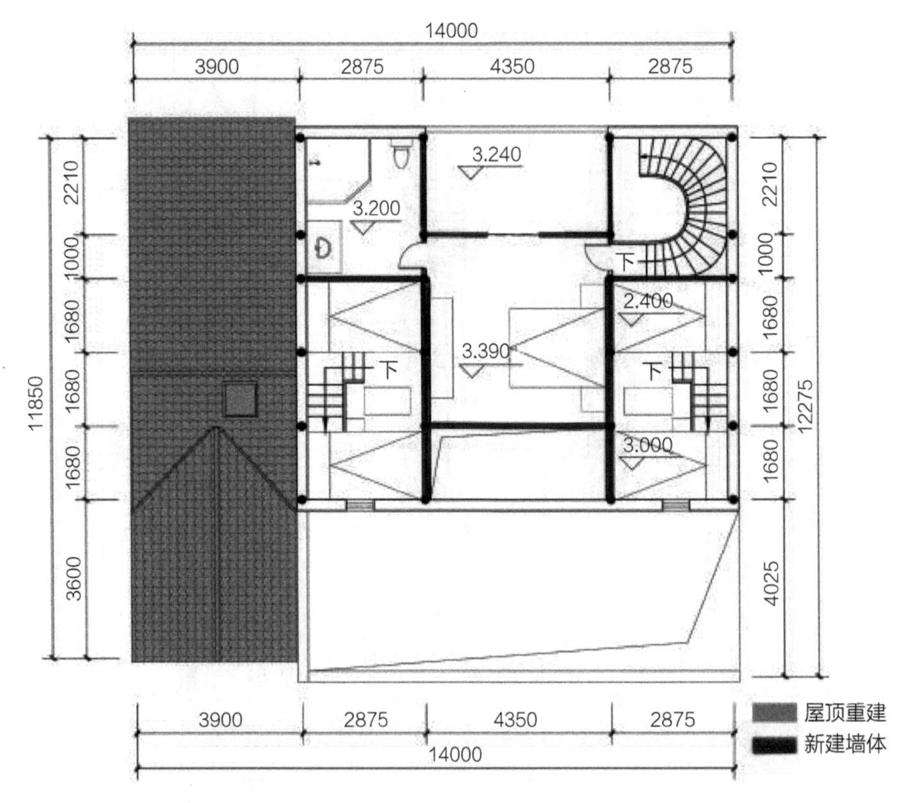

图4-29　老宅改造前后二层平面（图片来源：王康英 绘）

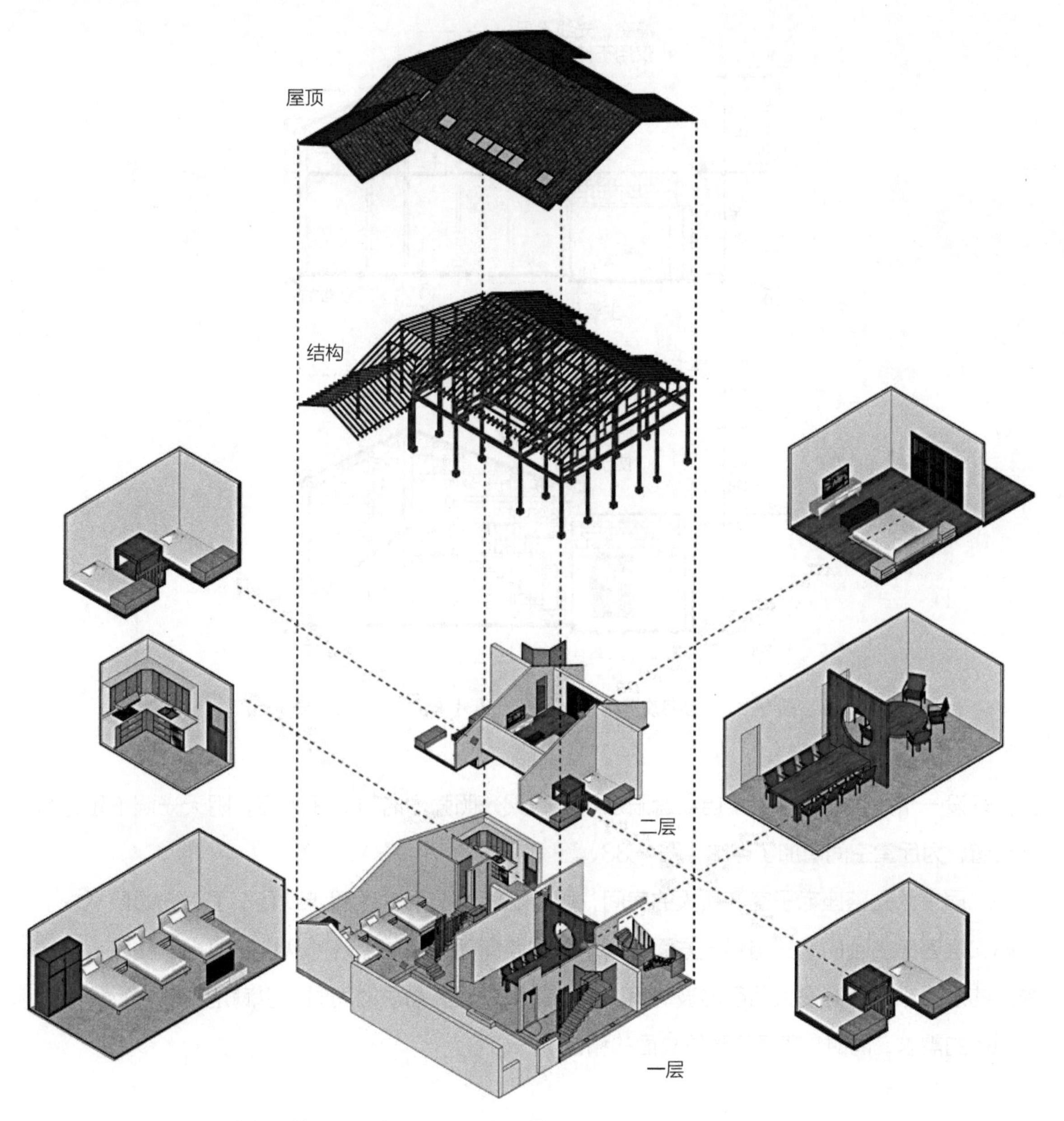

图4-30 老宅改造后空间详情（图片来源：王康英 绘）

通，改造成为一个上下连贯的整体空间，底层设置卫浴功能，上部通过高差处理设置两张单人床，整体形成两间独立的Loft卧室，极大地提高了原建筑的空间使用率，增强了空间的层次变化（图4-31、图4-32）。

采光不足、阴暗潮湿是徽州民居普遍存在的问题。老宅改造中通过设置多个天窗来改善室内物理环境：入口处的小天井封闭处理后，在屋面开一个天窗，增强厅堂的采光和空间视野；一层三人间因房间内仅可通过邻近前院的东侧部分墙体开窗采光，故在中间屋脊交接处开设一个天窗，满足房间内部的光线需求；原有老宅二层阴暗潮湿，为了满足采光通风的需要，在两边Loft形式的阁楼屋面上均开了一个小天窗。此外，保留入口厅堂处原有的架空结构，破开屋

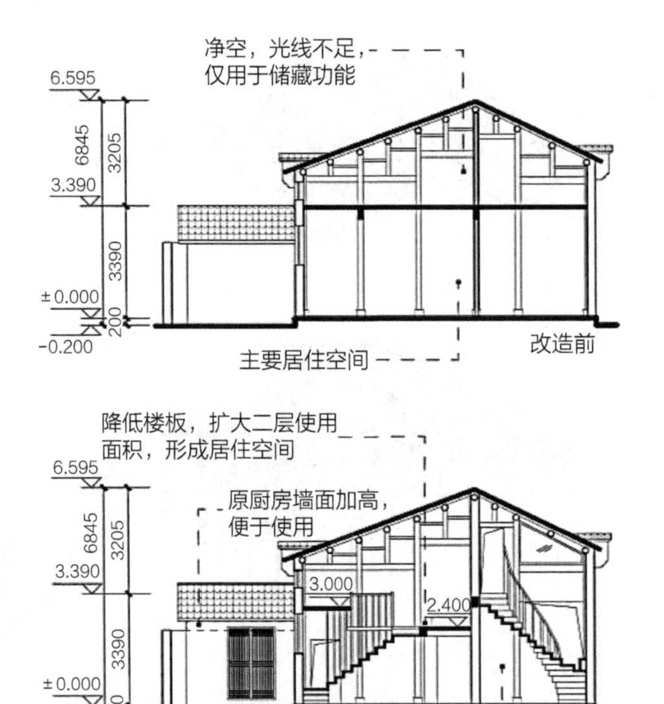

图4-31 老宅改造前后剖面图（图片来源：王康英 绘）

面，开设一个大天窗，采用全自动遮阳系统，晴天光照强烈时可关闭天窗，阴天光照不足时打开天窗，为厅堂空间增加了趣味（图4-33、图4-34）。

二层主卧是整座宅子空间最大的房间，原有墙面是凸形的小窗，满足不了采光通风需求。考虑二层客房主卧的采光与观景方面的需求，将西南面的墙体破开，从内部退出一柱跨，形成内凹的观景露台，开设大面积的玻璃窗，在满足采光通风需求的同时，也满足了艺术家休闲娱乐观景的需求，同时，兼顾了建筑立面的和谐统一。

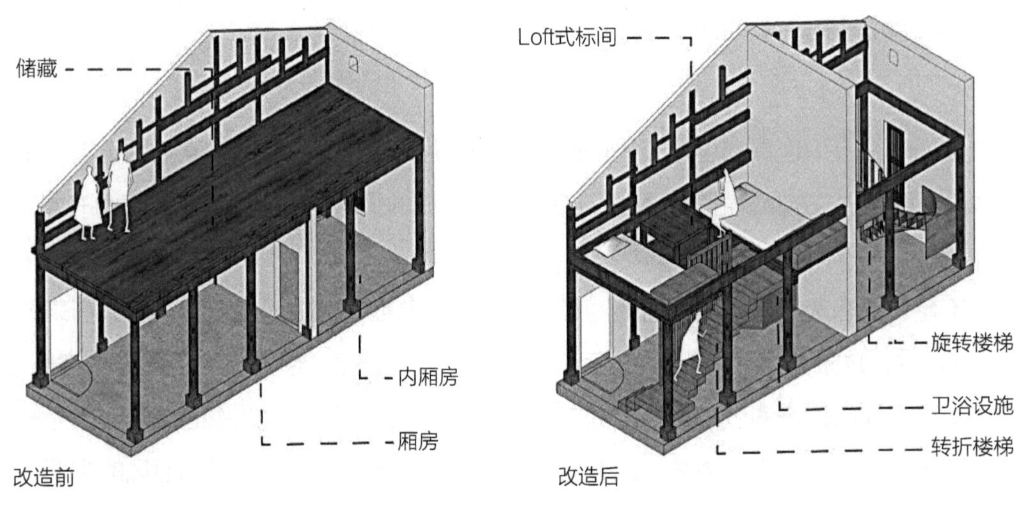

图4-32 老宅改造前后空间对比（图片来源：王康英 绘）

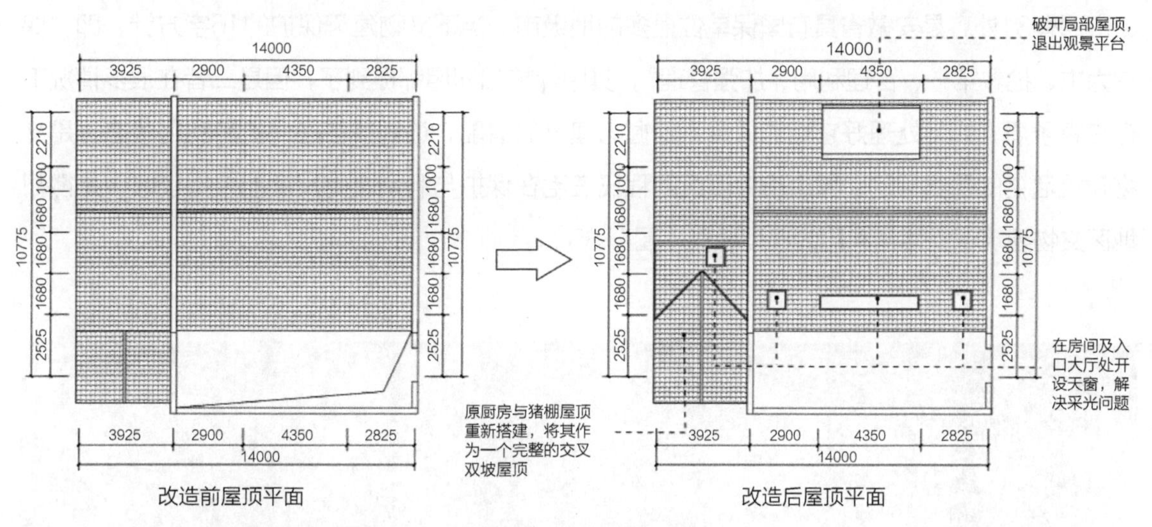

图4-33　老宅屋顶平面改造前后对比（图片来源：王康英 绘）

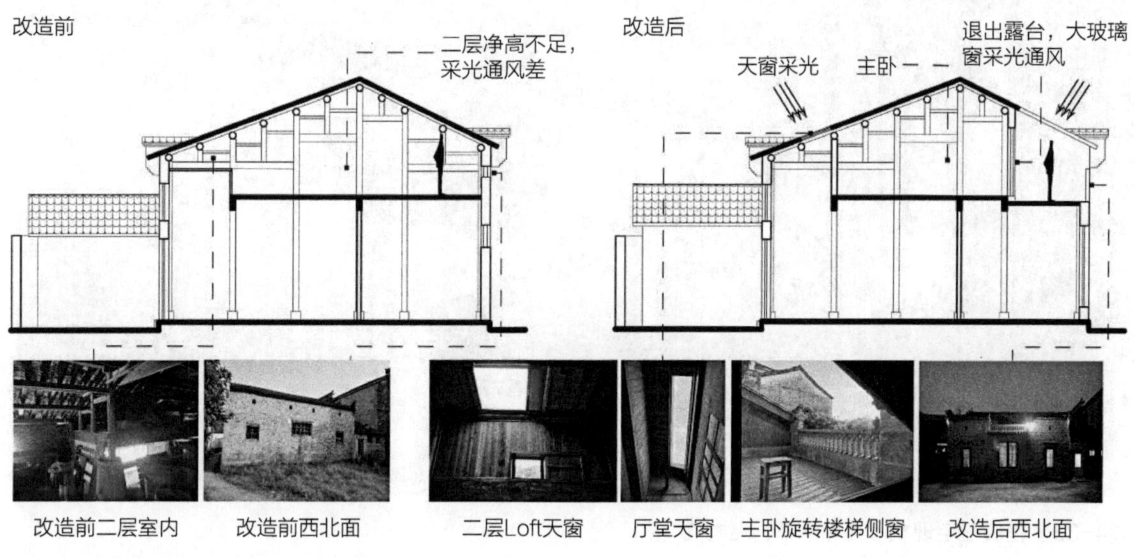

图4-34　老宅采光分析（图片来源：王康英 绘）

（五）徽州传统民居活化模式：原真性展示模式

1. 原真性展示模式基本特征

这一模式主要是针对具有极高的独特的文化价值和艺术价值，并且使用功能与布局延续建筑原始状态的文物保护单位类民居建筑。具体来看，原真性展示模式下的民居建筑可通过增加客流量带动村落旅游业的发展，同时，也可以通过门票售卖增加旅游业收入。

2. 原真性展示模式空间活化案例分析

徽州地区文化底蕴深厚，其中文物建筑承载着丰富的历史信息和文化内涵，包含了世界遗产以及国保、省保单位和各级文物保护单位等。安徽省共有全国重点文物保护单位129处，而黄山市拥有31处，是安徽省具有国保单位最多的地级市。当下文物建筑保护的16字方针，即“保护为主、抢救第一、合理利用、加强管理”，其中保护和利用都提到了，但是二者在很多情况下存在着矛盾，如何处理好它们的关系，挖掘老建筑的潜能，达到最佳的保护和利用状态，是文物建筑活化的最终目的。黄山市屯溪区的程氏三宅在保护与利用之间尺度把控得较好，是徽州地区文物建筑保护活化利用的典型案例（图4-35）。

图4-35 程氏三宅现状（图片来源：赵鹏飞 摄）

程氏三宅位于黄山市屯溪区柏树街东里巷6号、7号、28号，始建于明代成化年间（1465—1487年），由礼部右侍郎程敏政所建。2001年，“程氏三宅”被国务院批准列为全国第五批重点文物保护单位。现三处建筑保存基本完整，均为五开间、二层穿斗式楼房，前后厢房，中央天井，类似三合院。建筑结构严谨，装饰精美，其中6号宅以木雕出彩，7号宅的砖雕图案都是“双凤戏牡丹”，28号宅是官商宅第，门罩独特，为徽州石雕的代表。徽州地区精妙绝伦的三雕在程氏三宅中体现得淋漓尽致（图4-36）。

对于程氏三宅的定位，黄山市政府也意识到不能一味地输血保护，在进一步对其保护利用的同时，赋予其新的功能，通过利用促进保护。程氏三宅是徽州地区具有代表性的古民居，建筑从功能布局到雕刻装饰，本身就是一件值得观赏学习的展品，同时，内室又展出古代文物，可谓宝中藏宝，更能引起怀古者的兴趣（图4-37）。

（a）木雕
（b）石雕
（c）砖雕

图4-36　程氏三宅三雕技艺（图片来源：赵鹏飞 摄）

图4-37　程氏三宅室内现状（图片来源：赵鹏飞 摄）

三宅展出的文物有四部分：一是建筑细部结构，有雕刻榫卯、竹编凉顶、墙纸材料等；二是契约文书，宅内存有明代天启元年（1621年）该宅卖房契约，契约为绵纸、墨书，计10行，落款有“天启元年闰二月十二日立卖契人程伯铼（押）”字样；三是雕刻印模工具，大多从清代保存至今；四是古代家具，古宅内基本布局不变，从大厅到卧房基本保持其原始状态，内部家具精致典雅，古风浓郁（图4-38）。

（a）一楼展陈

（b）文物展示

（c）契约文书

图4-38　程氏三宅展陈现状（图片来源：赵鹏飞 摄）

（六）徽州传统民居活化模式：商业经营模式

1．商业经营模式基本特征

这一模式下的民居功能类型主要为经济功能，在保留民居建筑外部传统风貌的基础上，将建筑内部空间结合传统元素重新划分，并提供集居住、餐饮、娱乐于一体的现代化设施，以满足游客需要。在乡村振兴要求下，产业兴旺是基础，生态宜居是关键，同时也是生态文明建设的重要任务，产业振兴和生态宜居共同作为乡村振兴的硬件要求。对于传统村落而言，发展和保护也正是对应乡村振兴中的产业兴旺与生态宜居。在公共空间的营造上，结合旅游产业，严格保护生态红线，追求高品质空间提升与营造的同时，保护传统村落的生态环境。例如，黟县碧山村的猪栏酒吧客栈，在村里老油坊原址上采用“修旧如旧”的改造方式，打造出特色浓郁的兼顾书吧、餐饮、民俗商品售卖等多种商业空间的专营型乡村客栈。

2．商业经营模式空间活化案例分析

1）碧山猪栏酒吧乡村客栈

碧山猪栏酒吧乡村客栈的老宅位于黟县碧阳镇碧山村，始建于清代，是由外地诗人寒玉购买后于2011年改造而成，并请专业人士经营，形成了“乡村管家”的模式，改造后建筑面积为791m^2。民宿主人最先在黟县西递村利用一处猪栏建筑改造为民宿，因效果较好，遂在碧山村先后选择一处老宅与一处老油坊，沿用“猪栏酒吧”的主题，采用“修旧如旧”的改造方式，打造出特色浓郁的传统民居体验式的专营型乡村民宿。

猪栏酒吧乡村客栈的老宅原为三开间、两进深、上下两层的砖木结构传统民居，同样利用木结构承重，空斗墙围护，内部装饰、雕刻精美。其主人曾是徽州盐商，家境富裕，住宅基地面积较大。除老宅主体建筑外，还在建筑一侧建有附属宴会厅，但因年久失修，内部破损严重，整个老宅处于完全闲置状态（图4-39）。

猪栏酒吧的改造保持老宅主体建筑布局不变，前后厅堂作为客厅使用，既提供展览功能，又提供餐饮与公共交流功能。上下两层的厢房作为客房，原厢房前入口空间改为卫生间。充分

图4-39　猪栏酒吧改造前后对比

利用基地，将原先废弃的荒地打造成小庭院，附属宴会厅改造为公共餐厅与休闲茶座。茶座二层为书房，茶座西侧新建家庭套房。基地西北角加建厨房、职工餐厅与工作间等后勤设施。基地东侧加建一客房，面向庭院。改造后将主体建筑置于三侧庭院之中，增加空间的开敞性与流动性（图4-40）。

猪栏酒吧乡村客栈正厅的厅堂仍维持原貌，只改变家具设施，以提供展览与餐饮。二层的厅堂空间围绕天井形成美人靠，打造公共休憩与娱乐空间。整体乡村住宅特色浓郁，延续了徽州传统民居的风格与面貌。西侧餐厅与休闲茶座利用原宴会厅进行打造，改造风格与正厅保持一致。休闲茶座临窗设置，通过大面积的落地窗与外部景观产生视线交流。餐厅与茶座二层设置书房与观景平台供游客使用（图4-41）。

为使空间满足更多需求，客房空间在室内进行了较大改动，巧妙利用原厢房前入口空间作为卫生间，室内色调以白色、木色为主，木色的家具、结构与地板搭配白色的壁纸，在保留

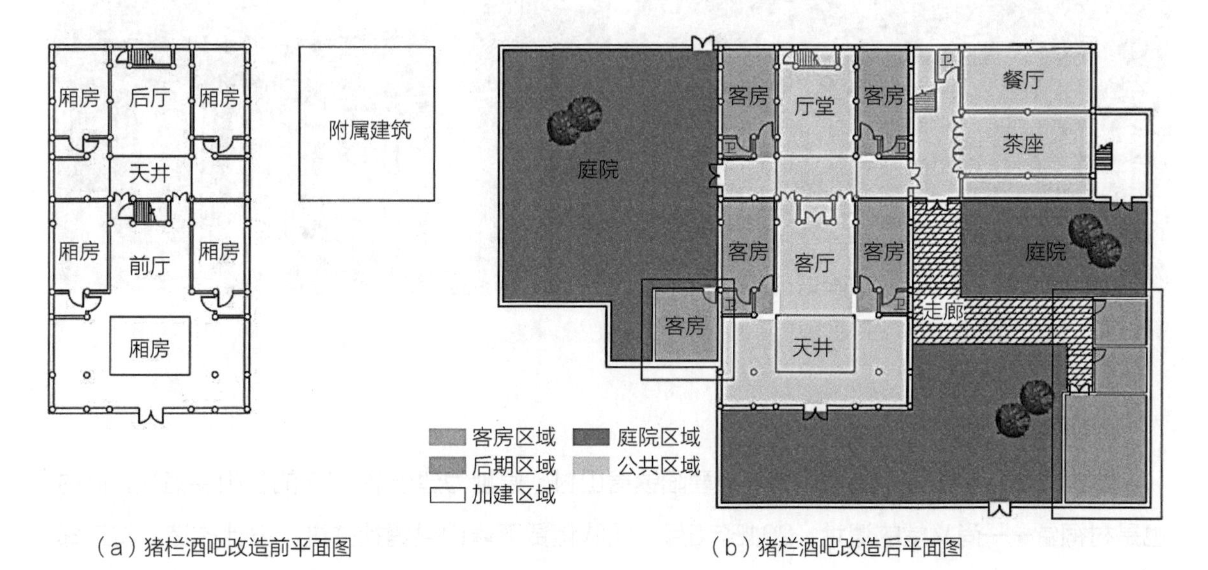

（a）猪栏酒吧改造前平面图　　（b）猪栏酒吧改造后平面图

图4-40　猪栏酒吧改造前后平面图对比（图片来源：赵鹏飞 绘）

（a）厅堂书吧、茶吧

（b）餐饮区

（c）客房

图4-41　猪栏酒吧商业空间

传统风貌的同时，增添一丝现代感。房型设计上，该民宿包含大床房、标准间、三人间、亲子房、大床套房与家庭套房，房型多样，能够满足不同人群的居住需求。其中，家庭套房采用跃层式，楼上、楼下均为居住空间。

碧山猪栏酒吧乡村客栈的室外空间同样分为天井部分与庭院部分。天井空间未做改动，起观赏与调节室内微气候的作用。庭院空间利用老宅基地改建而成，原基地面积较大，但未充分利用，地块荒废严重，于是民宿主人在建筑的南侧、西侧与东侧各打造一座庭院。南侧庭院承担入口空间的功能，保留老柿子树，形成别样的风景。东侧庭院与南侧庭院相连，较为精细，布置水系、长廊，丰富空间的层次，是民宿员工与住客互动交流的主要空间，也为休闲茶座提供了观景空间。西侧庭院可直接通向民宿外，紧邻主体建筑形成长廊，并在庭院中加建一座客房。设计以自然布局为主，搭建自行车棚供住客使用，同时布置石凳石桌、种植花木（图4-42）。

图4-42　猪栏酒吧室外庭院空间

2）碧山工销社

碧山工销社位于安徽省黄山市黟县碧阳镇碧山村，原址为建于1964年的碧山供销社，同时也是村祠堂——尚义堂的遗址。2015年5月，团队租赁下碧山供销社并进行设计改造，将其命名为“碧山工销社”，希望这座拥有60多年历史的供销社，在碧山当代乡村生活中能保留并激活

图4-43　碧山工销社外立面

其经济、文化和社会功能。

工销社外立面的改造遵循最少干预原则，门脸和外墙依然保留历史的原貌和记忆导视系统的标牌，招牌的字体则采用传统的形式、尺度和比例（图4-43）。

空间整体呈现原有格局，是一栋“前店后坊”模式的建筑。“前店”为与D&D合作的店铺，主要出售D&D精选的长效设计产品和黄山当地特色的手工艺商品，如产于上海崇明岛的土布背带、当地手工艺人用玻璃瓶做的竹编花器、产于当地的碧山精酿等。并以此为始，在徽州发展长效设计和手工艺品，带动两地手艺人和设计师的主题展览和研学交流，推广“长效设计”理念，并以实践推动城市与乡村共同发展。

门店入口还设有咖啡吧台，商品陈列的方式也延续了传统的做法，货品整齐划一地摆放在玻璃货架里。要想触摸商品，感受商品的质感，必须和店员交流。这种“反当代”的做法被前来实地考察的团队看中，他们认为这促进了店员和顾客的交流，是传递一个商品故事的最佳选择（图4-44）。

“后坊”则由工销社独立运营，承担了民宿、展览厅、餐饮茶社、戏台等功能，长冈贤明的《另一种设计》展览就曾在这里举办（图4-45~图4-48）。

碧山工销社有4套房共8个房间，分布在东西南北四个角落里，房间都不大，家具和床品都是精挑细选，简洁素雅，既可以供客人休息，也可以作为匠人和设计师的住所（图4-49）。

碧山工销社以“百工十条”（良品良工、百工习得、地域印记、日用之道、传统家园、当代

图4-44　碧山工销社“前店”场景

图4-45　碧山工销社内院

图4-46　碧山工销社二楼的设计师工作室

图4-47　碧山工销社陶瓷工坊

图4-48　碧山工销社书屋

图4-49　碧山工销社房间

美学、城乡联结、社区服务、环境友好和公平贸易）为理念，拥有销售、工坊、出版、展览、讲座等多种内容。作为百工计划的实体空间，碧山工销社尝试以碧山村为起点，进一步推动民间百工与当代设计的融合，连接城市与乡村的物质精神需求。

在国家计划打造的1000个特色小镇当中，除了高科技和制造业产业小镇，还有文旅或艺术小镇等。每一个乡村都有乡愁，都有各自的文化，乡村文化具有多样性，文化也是发展的“资本”。文化艺术赋予乡村价值，像碧山工销社这样崭新的综合文化品牌，并不全然是一个已经空心的乡村标本，进入城市空间后，正在快速地生长，成为全新文化艺术商业模式，未来也会朝着更加丰富和深刻的状态发展下去。

（七）徽州传统民居活化模式：民宿服务模式

1. 民宿服务模式基本特征

这一模式主要是对徽州传统民居进行小幅度的改造设计，并且结合当地文化遗产、人文景观、自然生态环境、风土人情，以徽州传统民居为改造载体，以徽州传统文化为内核，在此基础之上，完成一系列室内外空间环境设计上的改变。徽州传统民居改造成徽州民宿的转型，既使传统民居得到可持续发展，又为广大游客提供不可多得的个性化旅游体验。游客通过“居住”，融入传统民居生活、回归自然、重拾传统、传承文化，从而获得新的生活体验。融合居住、体验、互动、娱乐等众多元素的新型多样化民宿，满足了游客体验徽州乡土文化和现代生活的需求。这里面既有黄山本地村民根据自家徽州传统老宅改建而成的民宿，也有外来人口迁居黄山后经营的民宿。这些外来人通常都是来徽州度假游玩而被徽州独特的建筑面貌、文化传统和田园风光所吸引，想要通过改造老宅将徽州传统民居传承下去，最终选择来到此地开始投资创业、经营民宿产业。

民宿服务模式有效利用闲置资源，发展乡村旅游业，从而带动经济发展，传播本地文化，极大丰富了乡村居民物质与精神生活，又促进了城乡融合，为我国城镇化进程作出了贡献。

2. 民宿服务模式空间活化案例分析

1）黟县拾庭画驿民宿

黟县拾庭画驿民宿位于黟县碧阳镇石亭村，占地十余亩，背山临水，内有跨越明清两代的老建筑，气势恢宏的木雕楼，十多处独具特色的园林景观，让人置身其中流连忘返（图4-50）。民宿拥有琴、棋、书、画、茶等功能的综合大厅，以及独立画室、茶室、酒吧、娱乐室、会议室和可以登高望远的摄影亭阁等。民宿共有26间客房，包含亲子间、单间、标间和独栋套房（图4-51）。

图4-50 拾庭画驿民宿大门实拍照片（图片来源：赵鹏飞 摄）

2012年4月，拾庭画驿现在的主人黄智勇偶然走进这座庄园，在正门外乍一看，不觉有何与众不同，推开门后豁然开朗，高墙之内的徽派园林别有洞天。砖雕门罩、石雕漏窗和木雕楹框装饰了房屋和园林，黛瓦、粉墙、红枫、翠竹、青山，细致地填充出一幅精美的画卷。只此

图4-51 拾庭画驿民宿鸟瞰及功能分布（图片来源：赵鹏飞 绘）

一眼，他便再也放不下这个地方。于是他找到了这座老宅拥有者之一的一对老夫妻——他们是邵氏后人。他将希望收购老屋的想法说出后，当即吃了闭门羹。他也不恼，锲而不舍，多次前往，慢慢地和这对老夫妻建立联系。不记得往返了多少次，两年间不断探访，终于打动了老夫妻俩：“我们相信你，一定能护好这栋老宅。”但这只是困难的第一步，这座老宅包括老夫妻俩在内，共有27位产权人，黄智勇要一一奔走，探访劝说。等到从最后一户人家手里收到产权时，离他第一次来这里已经过去了四年，其中艰辛不言而喻。

改造过程中，黄智勇和团队想方设法使老宅更宜居：用新材料对屋顶进行防水隔热处理；设置可遥控开合的天井玻璃，留住湛蓝天空的同时，也起到了防雨的作用；费心寻找当地徽派木匠，替换已腐朽的榫卯立柱。老屋原有的莲花门、迎霭门、厅堂的天井、刻着木雕的窗棂和楹柱，都被完整地保留了下来，且尽最大可能保留它们本来的模样。就是这样一番精雕细琢，花费了整整两年时间后，这个宅院终于开启了新的序章，成为民宿“拾庭画驿”（图4-52、图4-53）。

图4-52　拾庭画驿民宿徽派元素

图4-53　拾庭画驿民宿客房

徽派园林是徽州建筑的重要组成部分，它不仅继承了江南园林的格调，还糅合了徽州文化的气质。拾庭画驿民宿内，有大小9处园子，皆根据植被、地形、水体巧妙布置，所以逛园子是在拾庭画驿民宿感受徽派园林的不二之选。进入正门，首先遇见第一个内院，矩形石板铺出一条长道，将路引导到八边形拱门处，绿色爬山虎攀爬其上，透过拱门可以看到一株迎客松姿态优美，石板路尽头右手边就是前台。若是在内院处选择推开右侧高大木门，穿过开有天井的长廊继续往前走，将豁然开朗，精致的园林就在眼前。细渠小径并行，行走不过十余米，石板道路旁多了一片木板抬高的休息平台，用一小排文竹进行装饰隔断。平台上放置藤椅沙发，沙发前方有一棵巨大的枯树，树干被劈成两半，中间掏空，整体形如木舟，中空部分放置了怪石与植物，上方盖玻璃，充当了野趣十足的茶几。沙发背后是一排垒高的薪柴，徽州人家曾经以此生火煮饭，现在摆放整齐只起到装饰作用。

再往里走，进入园林深处。通过玻璃扶手的木廊桥，可以看到拾庭画驿民宿最大的中央庭院。庭院中心是一片池塘，临水小径、石拱桥和廊亭环抱四周，水中游鱼带动水草摇摆，假山水石搭配，叠石多而不乱。水岸边停靠一只乌篷船，一对木桨系在船上，斜树、修竹、垂柳的倒影映在水面上。方形石板、圆形石板与鹅卵石交替分布，相映成趣，还有绿植伺机生长。在曲径回廊、亭台楼榭间移步换景，池塘里的夏荷、嶙峋怪石边的青松，拐角的绣球花和萱草，由园艺师打理得满是生机。民宿内每条廊道、每个窗景皆为画作，随季节、地点变换，或是绚烂的红枫如火，或是水墨的青山渐隐，或是燕子呢喃的马头墙。拾庭画驿民宿的雅致园林，将大自然的气息和元素融入园中。身着古风服饰的人被庭院风景吸引，专门前往拍摄取景，美人入画，倒真像穿越了时光（图4-54）。

厅堂是徽州人家庭活动的中心，拾庭画驿民宿将其打造成了大气恢宏的雅室，囊括琴、棋、书、画、茶等多功能的休闲区（图4-55）。厅堂中央，阳光从天井挥洒而下，天井正下方围着一方浅池，嶙峋怪石装饰其中，植株借着石头上的零星泥土，奋力生长，光影透过叶脉，美感十足。红色景观鱼穿梭在怪石间，摆动的鱼尾偶尔弹起几滴水珠。厅堂正中间的屋子挂着书法字画，对称分布格外大气，屋子正前方是接待客人的前台，前台两边的半开敞屋子分别是放有古琴、古筝的琴室，和放置茶台、茶具的茶室。

图4-54　拾庭画驿民宿园林
（图片来源：赵鹏飞 摄）

几大功能区中，最值得称道的便是茶室的三个茶台。茶台背后的墙面雕刻有壁画，均由当地匠人亲手雕画，经过勾画、雕刻、上色等多道繁复的工序绘制。茶室两侧，一个茶台绘圆月，一个茶台绘彩云，取“月儿中秋圆，彩云相伴之”的美好寓意。茶室中央的竹林七贤壁画是这个空间的点睛之笔：竹林七贤坐于山水之间，身旁茶具、点香、棋具、乐器一应俱全，侍童一旁服侍，七位名士或浅笑或沉思，神情各异，彼此对弈、酌酒、抚琴，魏晋风骨跃然而现，茶室平添几分古雅。

2）屯溪老街91号花与岸民宿

老街91号店铺位于屯溪老街一马路和二马路之间，通过一条狭长的通道与主街相连（图4-56）。在始建时房屋只有三层，后来年久失修，屋面及构架产生了较为严重的下挫、渗漏、溃烂。店铺底层楼板格栅普遍截面偏小，格栅搭置西侧山墙。从店铺二层西边贴木构架现状已经明显能看出由原来三层挫低后改成了两层。民居后檐、中廊呈现出天井面隔扇窗、裙板缺失。屋面青瓦，勾滴大抵失毁（图4-57），故早在20世纪80年代初就已经对该屋进行拆改和降层处理。现在从外观上看仅是一幢两家相邻的独幢楼房。

图4-55　拾庭画驿民宿厅堂空间照片

改造时采用前店后坊的形制，属于传统徽州建筑平面布局，具有一定的代表性。具体平面构成上，建筑由“H”型和“回”字型两栋两层民居前后拼接而成，并在边侧有带天井的附属用房。因民宿的居住和定位需要，改造后的建筑需要有13间客房以及相应的附属用房。因此将两栋民居打通，在平面形制上形成三进、三开间、三天井的布局，但交通流线由原来的主屋改到辅助用房，打破了原本典型的中轴线空间序列，充分利用了主屋空间且使疏散满足需求（图4-58、图4-59）。具体做法是，保留第一进的天井空间，结合厅堂打造集接待、休息交流、简餐功能于一体的公共活动区域；扩大第二进和第三进的天井，打造具有意境的室内庭院；围绕天井设置走廊，在走廊两旁接入层区域设置客房（图4-60）。

图4-56　花与岸民宿在屯溪老街中的位置

图4-57　花与岸民宿改造前实景照片

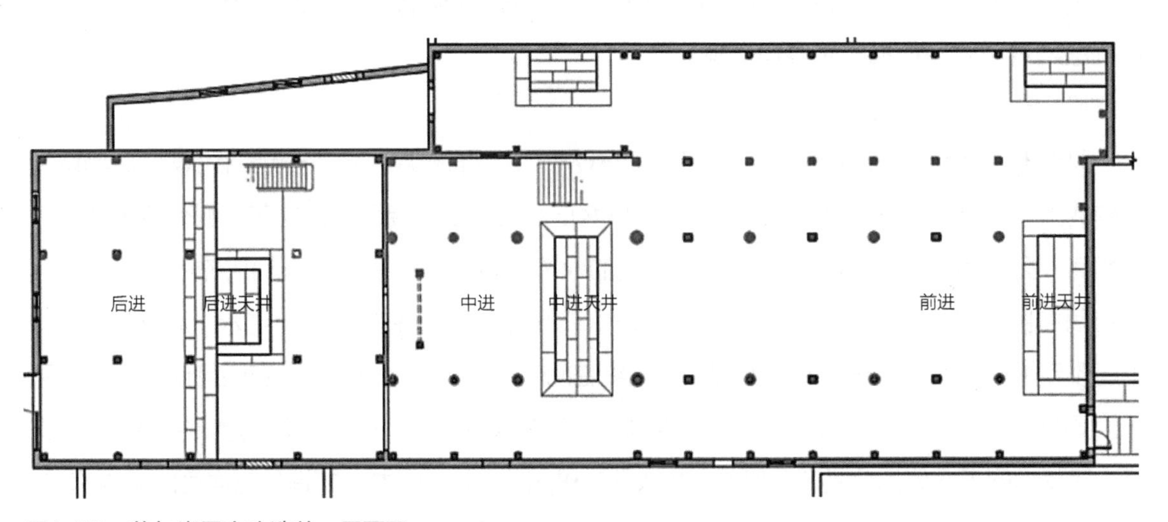

图4-58　花与岸民宿改造前一层平面

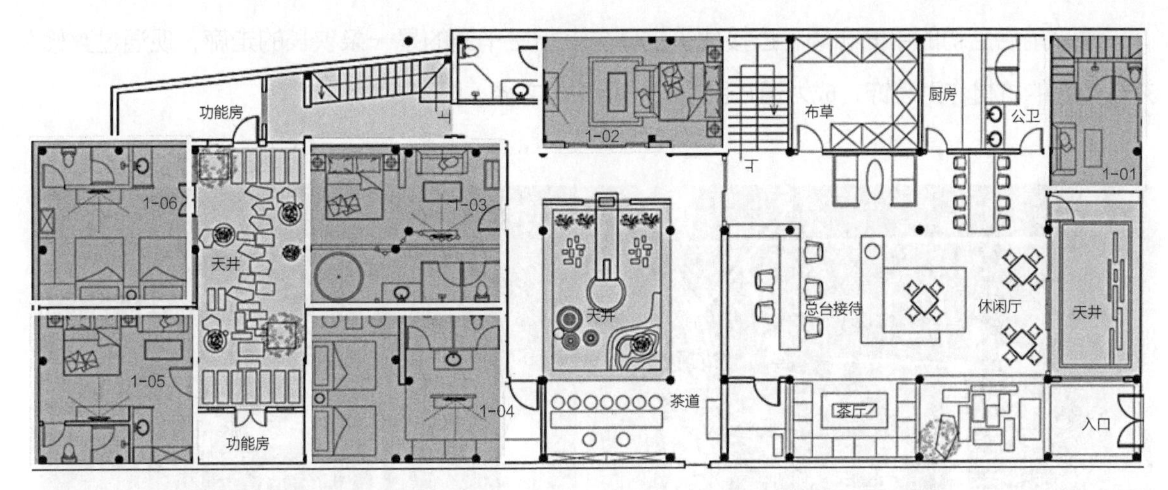

图4-59　花与岸民宿改造后一层平面

（a）大厅　　　　　　　　（b）天井

（c）客房

图4-60　花与岸民宿改造后实景照片

原来前店后坊的平面布局，连接建筑主体与老街主干道的是一条狭长的走廊，现通过整修并以传统的竹材作为装饰，成为通往民宿的一条深幽之径（图4-61）。

图4-61　花与岸民宿入口廊道改造前后对比

三、其他建筑活化及空间功能更新典型案例

在徽州大地上，传统建筑的建筑类型、现状条件、周边环境等因素各有其多样性、复杂性和社会性。多年来，专家与学者们就徽州传统建筑的保护做了大量工作与努力，并且随着传统建筑保护理论的不断发展，传统建筑保护模式也针对不同的徽州传统建筑而具有多样性。除民居和祠堂以外，还有古村镇、书院、园圃、戏台、桥梁、亭、堤坝、生产设施等其他建筑，也有相当数量的活化案例。

1. 望山·西溪南荷田里精品酒店

望山·西溪南荷田里精品酒店所在的西溪南镇旅游资源得天独厚，拥有安徽省唯一的原生态湿地，绵延4km长，大片枫杨林掩映在悠长的丰乐河畔。这里常年绿水清幽、空气清新，生态完好，植被优良，是旅游休闲的好去处。千年的古村落，始建于唐宋，至今保存较完好，拥有许多国家级重点文物保护单位和大量明清古建筑，“丰溪八景”“溪南十园”等遗迹依稀可见。

西溪南村在历史上是徽州地区农业文明的一个重要核心，文化遗产非常丰富，曾入选第3批历史文化名村。但这个徽州文化如此丰富的古村落，几年前也已经凋敝不堪，大部分青壮劳力外出务工，村里留下老人、妇女和孩子们，大量古民居坍塌弃用。

“望山生活”平台与西溪南镇政府及乡民通过合约的方式，正式建立长期合作关系，形成利益共同体，建立共同管理村落遗产的机制。帮助乡民制定乡规民约，与乡村管理委员会共同讨论规划，审查村级规划，监督文化遗产保护和乡村风貌的改善，并发掘、保护了一些被忽略的遗产，如丰乐河水利遗产廊道和水口林等。推进村庄卫生及社会秩序的改善，目前已取得显著效果。利用废弃的宅基地和闲置建筑，接纳城里来的“新乡民”并引入服务业。得益于安徽省民居保护的“百村千幢”政策，目前已有多户来自外地的新乡民在旧宅基地上修复或迁入民宅。闲置的乡公所已被改造为精品度假酒店——荷田里酒店，吸引着外来游客，带动了当地服务业的发展，目前房间供不应求，为当地居民作出了示范，许多民宿应运而生（表4-7）。

荷田里精品酒店改造前后实拍对照表 表 4-7

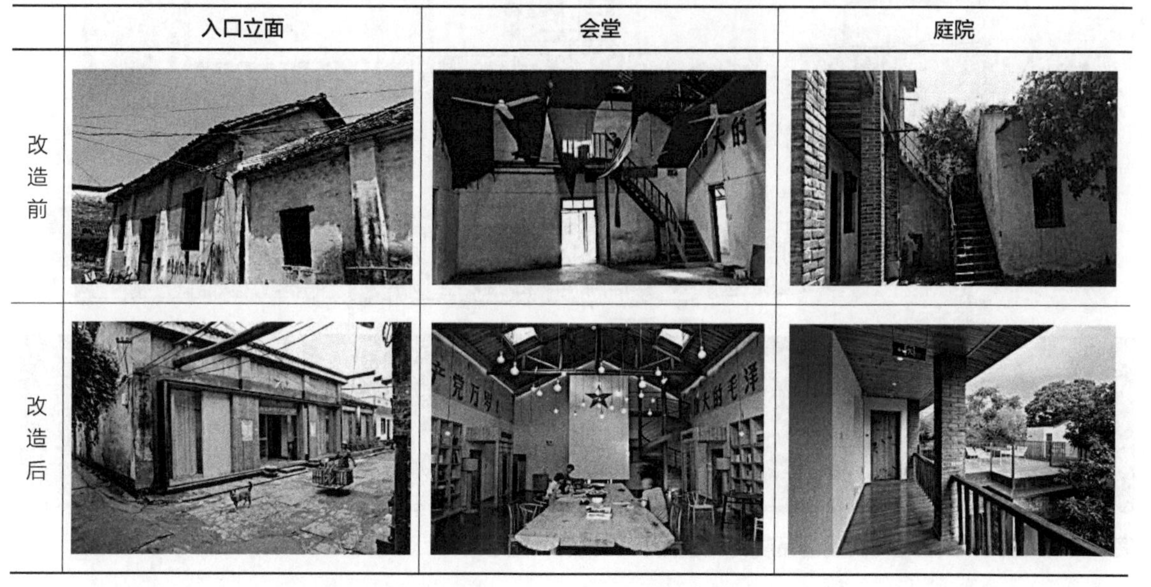

	入口立面	会堂	庭院
改造前			
改造后			

西溪南荷田里酒店建筑是对原址老政府建筑的整体改造，为了凸显古色古香的气息，酒店在设计的时候，不仅保留了老政府建筑的徽派建筑式样和基本建筑结构，还保留了老政府建筑的记忆元素，例如北区大厅墙壁两侧的红色语录，甚至保留了原有的公社食堂锅台，作为唤起一代人历史记忆的印证。酒店将原先老政府院内的几棵大树也悉数保留，走进内院，迎面而来的桂花树满目青翠，3株丹桂和1棵有着300年树龄的罗汉松映入眼帘。作为酒店的休息区，鸟语花香，幽静宜人，客人们可在此品茶、赏花、怀旧、休憩。

在保留基础上，采用了“框”“填”和“加”的方法，来修补老旧建筑，实现遗产建筑的保留、再生和再用，令其焕发生机。

“框”（framing）：让旧的材料和物体（包括建筑的砖石瓦片、院中的树木和铺地）都成为新框中的“画”，使旧遗产成为新设计的主题和画面，新和旧相得益彰。

“填”（filling）：将新的功能填充到旧建筑空间之内，在不破坏原有建筑空间的前提下，改变建筑用途。

“加”（adding）：增加一些满足当代生活所需的元素，包括地暖设施、采光、通风设施等，改善建筑的宜居性。新增部分，无论在材料和设计上，都与原建筑完全不同（图4-62、图4-63）。

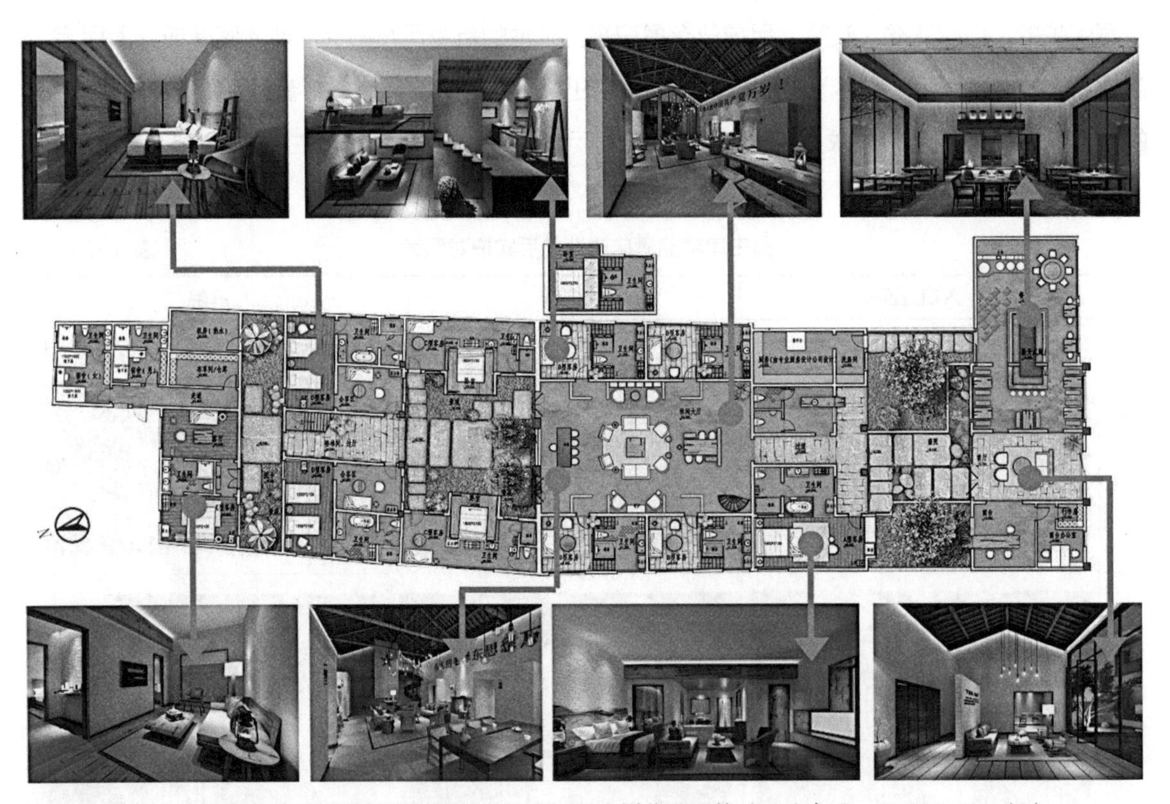

图4-62　望山·西溪南荷田里精品酒店改造后的空间层次划分及现状（图片来源：赵鹏飞 绘、摄）

建成的酒店含19间客房、1间餐厅、1间前厅、1间厨房，此外南北区各有1间休闲大厅。酒店以徽州地域文化和西溪南文化元素贯穿始终，大到客房大厅，小到餐具用品，皆有文化故事。几乎所有的木质家具都是挑选当地木材，由老木匠全手工打造而成的。

图4-63　酒店改造后的现状实景（图片来源：赵鹏飞 摄）

2. 宀屋——安徽闪里镇桃源村祁红茶楼

宀屋位于安徽省祁门县闪里镇的桃源村，起源于南宋迁至此处的陈氏家族。陈氏家族先祖“见山秀地美，水口紧扎，深爱之”。村子藏在两山之间的谷地，水口河埠、良田山丘，一应俱全，历经上千年的积淀，形成了典型的徽州村落格局。

桃源村有上百户人家，同姓陈，有9个祠堂，这在全国都属罕见，足见桃源村富甲一方时的盛况。明清时期，徽商纵横全国，在强烈的乡族意识和故土情节影响下，徽商发迹之后回乡兴修祠堂、牌坊等公共建筑。而今，由于桃源村相对闭塞，村落的原始格局和徽派建筑风貌仍然保留完好。其中，散落在村中不同角落的9个祠堂成为文物保护单位，依旧完好如初。

安徽祁门县一带因气候条件和经商文化影响，一直都有制作红茶的传统，“祁门红茶”驰名中外。桃源村的忠信昌茶号，曾代表祁门红茶参加美国旧金山巴拿马太平洋万国博览会，并荣获民间茶庄金奖。时至今日，桃源村仍然保留家家种茶、制茶、喝茶、售茶的风俗。

宀屋是位于通向村子内部小路一侧的小柴房，紧邻叙五祠（9个祠堂之一），具有一定的公共性。四周农田环绕，相对独立。房子体量很小，仅占地60m^2。建筑原为两层，一层堆放农具，二层因木屋架高度很低，基本处于空置状态。屋顶为普通穿斗式木构架，但几近腐朽，墙体则为当地惯常使用的空斗墙（图4-64）。

图4-64　宀屋改造前照片（图片来源：村民提供）

这样一个占地仅60m^{2}的小柴房能做什么呢？基于宀屋所处位置的公共性，设计团队设想了两个可能：一是作为祁门红茶的产地，尽管家家户户都有红茶，但村子里尚无专门的红茶体验馆，村里人招待客人，仅限于在自家客厅里，缺少品茶、赏茶、论茶的过程，桃源村需要一个具有礼仪性、文化性的品茶空间；二是桃源村的9个祠堂只有在祭祖节庆等重要时节才使用，村民平日只能在巷间门口，三五成群地乘凉闲谈，因此宀屋可以成为一个对村民开放的、较为轻松和日常的公共场所。最终，宀屋的建造目标确定为一座兼有日常性和礼仪性的茶楼。

老房子历史悠久，它的气息已经完全融入古村，它的出生和衰老都带着时间的印记。如果用先进、现代的技法建造一个新建筑，将无力承托这种时间累积的气质。保留，显然远胜于新造。于是设计团队原封不动地保留老房子的四个立面，包括粗糙有致的白缝空斗砖墙，老木格栅窗、旧杉木板门，以及徽州民居特有的凸形气窗，只对已经破损的木结构和屋顶进行重建（图4-65）。

图4-65　宀屋东立面夜景（图片来源：赵奕龙 摄）

所幸，老房子的屋顶和墙体是彼此独立的承重体系，换顶不动墙的方案也因此成为可能。但是空斗砖墙本身结构稳定性比较差，需要加强内部结构。为了保护老墙体，在拆除内部木结构之前，工人先用钢筋网片加水泥在内墙面进行多层粉刷，以形成老墙的内部加固层，同时起到保护老墙的作用，之后再小心拆除屋顶和木架。木架拆除后，在矩形墙里重新布置柱网，采用当地最常见的杉木作为梁柱结构。一层木构仍然按照传统的穿斗方式承托楼板，而到了二层承托屋顶的地方，木构采用了一种拟人化的形式语言，用一种俏皮的方式，以树冠的造型将屋顶向外悬挑，来覆盖和保护老墙。最终，建筑一层作为品茶的空间，保留了老房子昏暗内向的氛围。空间的焦点在室内唯一一张深色胡桃木的长茶桌之上。杉木梁柱横平竖直，中正规矩，体现了某种礼仪性。新的杉木柱故意同旧墙窗洞不对位，以暗示这种不明显的新旧关系（图4-66、图4-67）。

图4-66　宀屋一层立面局部（图片来源：唐徐国 摄）

二楼的改造是整个设计的重点所在。将原有比较低的屋顶抬升，然后让墙体跟屋顶留出一道狭窄的空隙，新屋顶同老墙之间的空隙使得内与外有了更多的互动：祠堂、田园、山峦的景观从不同的方向涌入内部，在山墙面上形成了一道山形的缝隙，能够

图4-67　宀屋二层
（图片来源：唐徐国 摄）

眺望远山，形成一种借山观山的情境。二层的木结构采用相对轻松活泼的树冠形式衬托屋顶，整个屋顶悬挑出去覆盖原有的老墙以保护其不受雨水的冲蚀。美人靠是徽州地区特有的建筑元素，宀屋二层的一侧做了一个美人靠，用以表达一种向外张望、向外窥探的感受。

建筑的形态如同老房子覆以冠顶，以一种新颜旧面并存的姿态陪伴在老祠堂旁边。用新技术加固旧屋，循旧法建新如旧，依“以新修旧，照旧补新”的做法，获得了一个在地性和现代性的合体。

徽州传统民居中，老房子的屋顶没有保温，二楼冬冷夏热，舒适性不佳。长辈住一层为尊，宴客等正式场合都在一层堂屋；子女居住二层为卑，子女长大独立后，二层便为储物空间。而在宀屋中，二层因开敞便于通风，成为一个更为舒适放松的休闲空间，村民更喜欢在二层逗留和闲谈（图4-68～图4-71）。

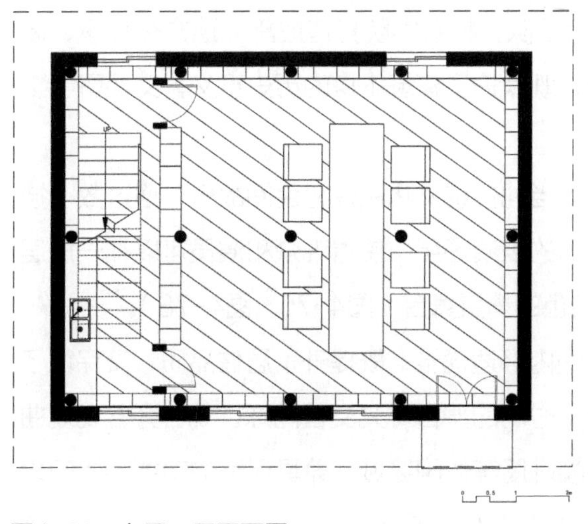

图4-68　宀屋一层平面图

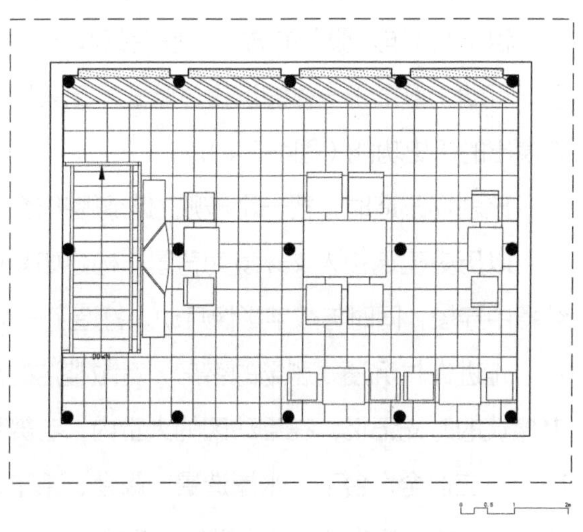

图4-69　宀屋二层平面图

图4-70 宀屋一层（图片来源：唐徐国 摄）

图4-71 宀屋二层（图片来源：唐徐国 摄）

在这样一个村子里，因单纯的宗族关系，能够还原最原始的交流场景：穿行于小路上的女子忽闻呼唤，循声望去，喜见躲在层楼之上的闺中密友，二人一高一低闲谈片刻，路人继续前行，观者依旧观望。原本平淡的建筑形态，因这次交流形成了一种突破建筑形式的空间关系，完成了一次真正意义上的共享交流。

“宀”意为覆盖，这个简单而古老的手法成为这幢小房子唯一的形式特征。从材料到做法，可见之处全部采用了在地的方式；而承重加固等不可见之处，则用了现代的技术和材料，来获得一种隐形的“现代性”。

3. 歙县许村沉浸式剧场

许村位于歙县西北21km处，村域面积2.442km^2。古村落内保存完好的有包括大观亭、高阳廊桥、五马坊、双寿承恩坊、观察第、大邦伯祠、大墓祠、大宅祠、许社林宅、许声远宅、许有章宅等在内的古建筑群。这里有歙县首家沉浸式戏剧场——许村沉浸式剧场（图4-72）。

许村老影院闲置多年，破旧失修，面临倒塌（图4-73）。为保护历史文化建筑，盘活乡村闲置资产，壮大村集体经济，2021年，许村镇通过“双招双引”吸引外资企业与村集体合作，以“租赁+合作入股”的方式，联合红妆缦绾项目团队，将老影院打造成集非遗文化传承、展示、互动、摄影于一体的沉浸体验式多元素剧场，既保护了建筑本身的历史意义，又保留了影院演出的历史功能（图4-74）。

该剧场改造时，把一个破败的老影院结合许村当地传统文化和许村民间故事，通过数字技术，以历史建筑和人文环境为背景，构建如梦似幻的表演场所，使得观众和演员可以在一层层纱幕中穿梭，同时与数字影像互动，打造了一个特色的情景舞台（图4-75～图4-78）。

走进许村沉浸式剧场的客房，宽敞整洁的房间内舒适优雅，既提升了居住品质，又保留了老建筑的时光记忆。在互动区的大堂内，老舞台上时尚的舞台灯光交替闪烁，戏台旁各式戏曲服装一应俱全。台下，水岸造景、露台、茶室、咖啡屋等休闲区域，兼具民宿的功能和景观之美。通过内饰和软装的精心搭配，昔日的老影院实现了时代“蝶变”。

图4-72　许村沉浸式剧场外墙现状（图片来源：赵鹏飞 摄）

图4-73　剧场改造前室内外场景（图片来源：赵鹏飞 摄）

图4-74　许村沉浸式剧场大厅现状（图片来源：赵鹏飞 摄）

图4-75 剧场舞台照片（图片来源：赵鹏飞 摄）

图4-76 剧场雅座照片（图片来源：赵鹏飞 摄）

图4-77 剧场客房照片（图片来源：赵鹏飞 摄）

图4-78 剧场交通空间照片（图片来源：赵鹏飞 摄）

参考文献

[1] 陈晓华，谢晚珍．徽州传统村落祠堂空间功能更新及活化利用[J]．原生态民族文化学刊，2019，11（4）：92-97.

[2] 沈超．徽州祠堂建筑空间研究[D]．合肥：合肥工业大学，2009.

[3] 陈凌广，陈子坤．祠堂载体设计之道：乡村公共文化空间活化更新设计的案例透析[J]．未来传播，2020，27（4）：91-98，138.

[4] 贾尚宏，侯晓婷．屏山光裕堂特色分析[J]．安徽建筑工业学院学报（自然科学版），2005，13（4）：77-79.

[5] 郑文超．徽州传统民居建筑形制研究[D]．广州：广州大学，2020.

[6] 曹伟，郑文超．地域背景下中国传统建筑住宅空间格局形态特征：以徽州传统住宅为例[J]．华中建筑，2021，39（11）：116-119.

[7] 刘舒．乡村旅游背景下徽州民居再利用改造策略研究[D]．合肥：合肥工业大学，2018.

[8] 范睿．基于传统民居价值保护下的徽州民宿改造研究[D]．合肥：合肥工业大学，2021.

[9] 刘仁义，王康英．徽州传统民居现代适宜更新改造：以文堂村老宅改造实践为例[J]．合肥工业大学学报（社会科学版），2021，35（3）：97-103.

[10] 廖宜莉．传统村落半闲置农房的民宿设计改造策略研究[D]．合肥：合肥工业大学，2021.

[11] 张怡琳，王勇．乡土建筑的活化再利用：浅谈碧山工销社及周边建筑改造[J]．公共艺术，2018（5）：38-43.

[12] 吴诗琪．黟县“南屏山居”民宿改造研究[D]．芜湖：安徽工程大学，2018.

[13] 图灵．黟县拾庭画驿 在徽派园林里醉梦一场[J]．环球人文地理，2020（7）：70-75.

[14] 素建筑设计事务所．宀屋：安徽闪里镇桃源村祁红茶楼[J]．城市建筑，2018（13）：98-104.

第五章

祁门县闪里镇磻村宜居活化实践

一、磻村资源环境特征

（一）概况

闪里镇位于祁门县西部，东邻渚口乡，南接江西省景德镇市，西靠新安乡，北枕石台县及箬坑乡，地处皖赣两省三县（祁门县、石台县、浮梁县）交界处，是安徽的南大门。231省道和326省道从闪里镇中间穿过，镇人民政府驻地铜锣湾，距祁门县城41km，距黄山市95km，距离景德镇市72km（图5-1）。

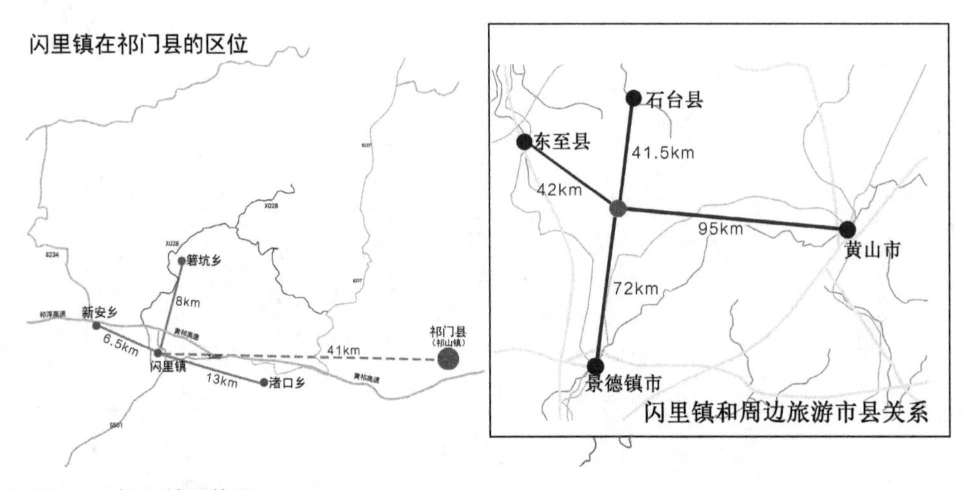

图5-1　闪里镇区位图

坑口村隶属闪里镇，老慈张公路穿村而过，距黄祁高速闪里下站口直线距离仅1.6km，距新慈张公路约0.5km，交通便利。磻村中心村位于坑口行政村的南部，自然环境优美，交通便利、区位优势明显，与江西的浮梁县严台村搭界。磻严公路（磻村至严台）绕村而过，是皖赣交通的必经之道，文闪河（阊江源流）从村落西北方进入，环村而过汇入昌江后流向浮梁县（图5-2、图5-3）。

祁门地处黄山西麓，境内森林覆盖率高达88.64%，居全省首位，素有“九山半水半分田”之称，连绵的山峦和茂密的森林为茶叶生长和药材种植创造了良好条件。优良的地理条件造就了中国名茶——祁门红茶，使其获得“中国红茶之乡”的美誉。磻村所在的闪里镇，地势西北高、东南低，地形以丘陵和山间盆地为主，海拔高度在131m左右，周围山脉有望江尖、汪大尖和大易岭。古村落面水靠山，文闪河在磻村一带河宽大约20m，三面环村而过，呈“C”字形环抱村落，两岸树木茂盛，不仅满足了村民的日常生活用水需求，还形成了优美的景观带。

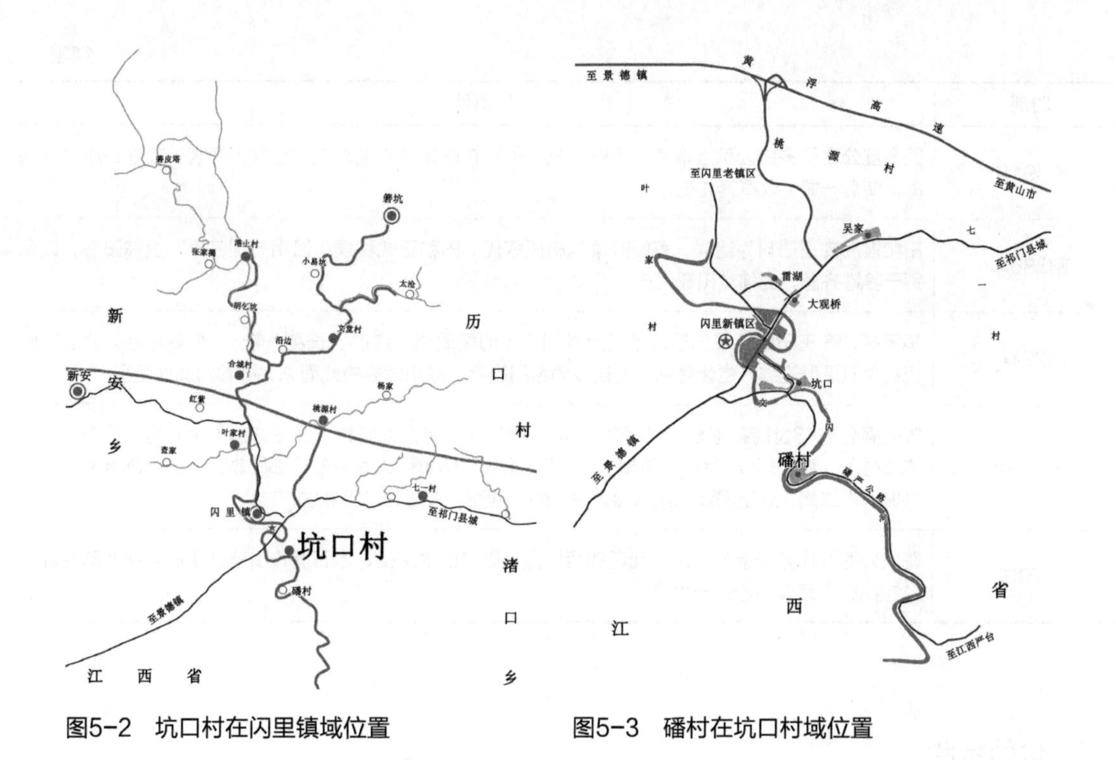

图5-2 坑口村在闪里镇域位置

图5-3 磻村在坑口村域位置

祁门县地处皖南山地多雨区，属亚热带湿润季风气候。其主要特征是气候温和，日照较少，雨量充沛，四季分明。县内经济主要依靠茶叶、旅游业和中药材三大产业。境内名胜古迹不胜其数，旅游资源丰富，拥有历溪景区和牯牛降景区两处国家级景区，除此之外还有大洪岭古道、考坑大峡谷等风景名胜区。自然资源方面，植物、药材和矿产资源丰富。

（二）历史沿革

坑口村旧名“竹溪”，又名“竹源”，因村中多竹而得名，为颍川陈氏宗族居住地，故亦称为祁西“竹源派”。村庄始建于唐僖宗乾符六年（879年），至今已有1100多年的历史。磻村旧名“泮溪”，为坑口村的中心村落。祁西陈姓的分支由竹源迁至祁门渚口陈家坦，经数年复迁竹源故里之西——泮溪（现磻村），拓荒耕种，繁衍子嗣，至今已有800多年（表5-1）。

磻村历史沿革表　　表5-1

时期	事件
前1046年	周武王姬发灭商，后追封妫满于陈国（今河南淮阳，国号陈）为陈氏，周朝诸侯国陈国第一任君主。妫满死后，谥号胡公，为陈胡公。其子犀侯继位，为陈申公。陈胡公的后裔王莽称帝后，追尊陈胡公为陈胡王，庙号统祖
前700年	陈国发生宫廷内乱，陈厉公妫跃被杀，其子妫完被贬为大夫，后投奔齐国，改名田敬仲，史称“完公奔齐”。齐桓公封他为“工正”（管理百工的官），并赐给他很多田地

续表

时期	事件
前391年	因齐宣公之子齐康公荒淫嗜酒，不勤于政，田和夺取姜姓齐国政权，自立为齐君，放逐齐康公于海岛，使食一城，以奉其先祀
前386年	田和被周安王册封为诸侯，姜姓齐国为田氏取代。田和正式称侯，沿用齐国名号，世称田齐，以示别于姜姓齐国，史称“田氏代齐”
前221年	秦灭齐，齐王田建三子田轸避难迁至颍川（今河南禹州、许昌、长葛一带），恢复陈姓。此后，陈氏在中原瓜瓞连绵，生齿甚众，发展成为名门巨族，颍川世族由此而来，陈轸为此地始祖
东汉初年	陈胡满公的43世裔孙陈寔，汉恒帝（147—167年）时为太邱长，居住许昌（今河南长葛市古桥乡陈故村），建陈氏第一宗祠“德星堂”。唐朝末年，陈寔后人唐户部侍郎陈轶公，又名陈彦文，因战驻徽、饶二州，后定居浮北盐仓岭。后为勤王战死，被封为“英烈侯”
879年	陈轶公的五代孙子京公，由浮北迁祁西竹源，见“山水幽幽，木石清奇”就此定居，祁西陈姓称为“竹源派”，京公为迁祁一世祖

（三）价值特色

1. 皖赣文化的交融地

磻村毗邻江西浮梁县，两地之间仅一山之隔，是徽文化与赣文化的接合部。村口文闪河汇上游诸水流入昌江，后至江西省景德镇，为古时皖赣两地之间重要的水上商道（图5-4）。据记载，磻村码头曾有“日稍百船，夜宿百客”的盛景。同时，皖赣古道从徽州府的歙县出发，途经磻村，直通江西景德镇，是两地文化交流、经贸往来的重要古驿道（图5-5）。自唐朝以来，皖赣两省之间客旅商贾、文人雅士的频繁往来，促进了两地经济和文化的发展与交融（图5-6）。

两地的频繁往来，形成了独特的皖赣文化，这里所说的“皖赣”是一个比较狭隘的地理区域，即安徽省祁门县与江西省浮梁县相接的区域。浮梁县在民间也被称为“泛徽州地区”，徽州文化对当地的影响在方言与建筑上较为明显，如江西浮梁县的方言为徽语的祁婺语，当地的建筑风格与徽派建筑十分相似。而风俗文化的互相渗透、融合，在千年的演变过程中逐渐发展成各具特色的民间文化，独具特色的皖赣文化对研究两地风俗文化与历史变迁具有较高的科研价值。

2. 丰富的历史文化遗产

磻村地处祁山山脉地带，盛产祁门红茶。祁门红茶简称祁红，茶叶原料选用当地的中叶——中生种茶树“槠叶种”（又名祁门种）制作，是中国历史名茶。而历史上，祁门与浮梁同属一个茶区，位于黄山西南支脉处。祁门旧属浮梁，唐永泰二年（766年）才由浮梁（江西）和黟县（安徽）二县拨地建阊门县，后改祁门县。祁门茶叶生产始于清光绪年间，并盛于清代，而浮梁县茶叶生产始于汉代，盛于唐朝，清同治年间红茶制作技艺传入浮梁，奠定了如今浮

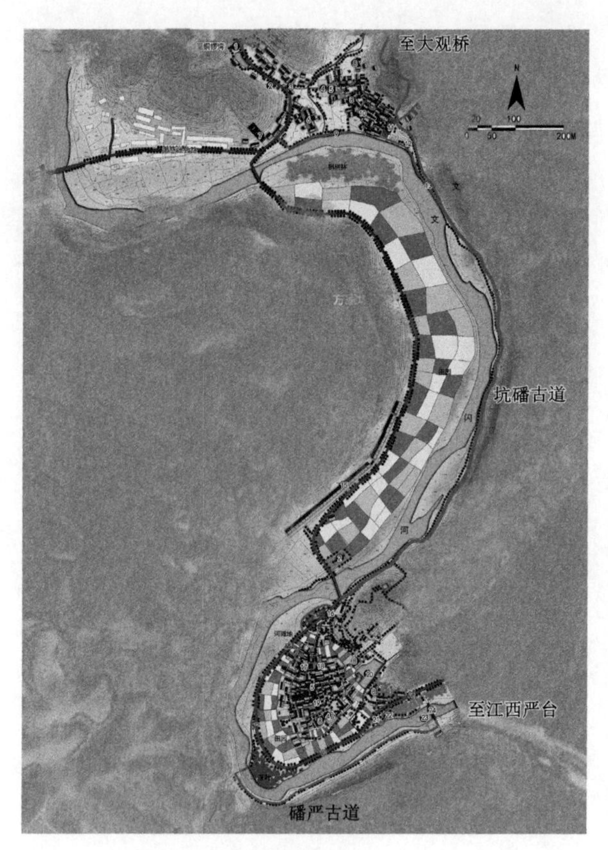

图5-4　皖赣古道坑口至磻村段

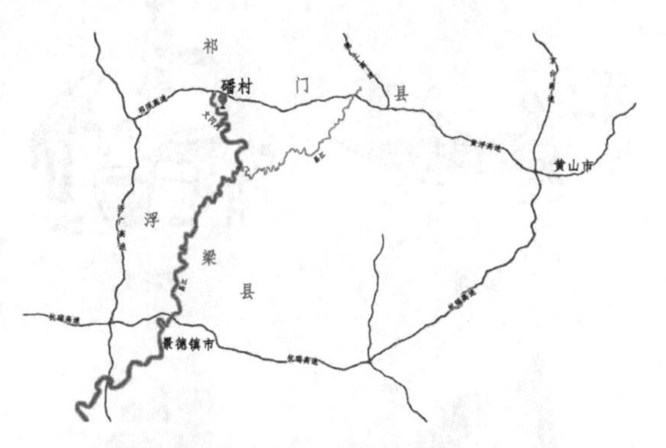

图5-5　磻村至浮梁县水上商道

图5-6　古商道现状

梁茶红绿为主的产业格局。浮梁的茶产业与陶瓷产业在祁门地区徽商的带动下得到了扩展式发展，而祁门经济在两地频繁贸易往来之中也得到了空前的发展，带动了茶产业的发展。

祁门人自古以来就与茶结下不解之缘，在漫长的种茶、制茶、喝茶历史中，形成了包含制茶、茶俗等丰富多彩的茶文化。在制茶方面，祁门红茶采制工艺精细，采摘一芽二三叶的芽叶作原料，经过萎凋、揉捻、发酵，然后进行文火烘焙至干燥。毛茶制成后，还须进行毛筛、抖筛、分筛、紧门、撩筛、切断、风选、撼盘、手剔、补火、清风、拼和、打袋、装箱等复杂精制工序（图5-7）。祁门红茶制作技艺更是被列入非物质文化遗产名录。在茶俗方面，讲究颇多，如大年初一早上要喝“发喜茶”，由于整个喝茶的仪式非常隆重，有大吉大利之意，故又称“利市茶”。茶礼更是丰富多彩，从婚丧嫁娶到红白喜事，茶礼均贯穿其中，婴儿满月要喝“满月茶”，儿童周岁要喝“周岁茶”，读书要喝“启蒙茶”，拜师要奉“拜师茶”，结婚茶礼更是丰富，有“进门茶”“拜堂茶”“合衾茶”等。此外，老人辞世时也有一套茶仪，农村建新房还要吃“上梁茶”等。

祁门茶文化衍生出了相关的文学、艺术作品，如祁门的采茶戏，又称黄梅采茶戏，源于磻溪陈氏先祖从江西带来的“饶河调”（又称“江西调”），曲调明快，演奏简单。饶河调流传到闪里后，在长期的发展中逐步形成祁门采茶戏，此戏被载入国家戏剧典册。其中最为著名的曲

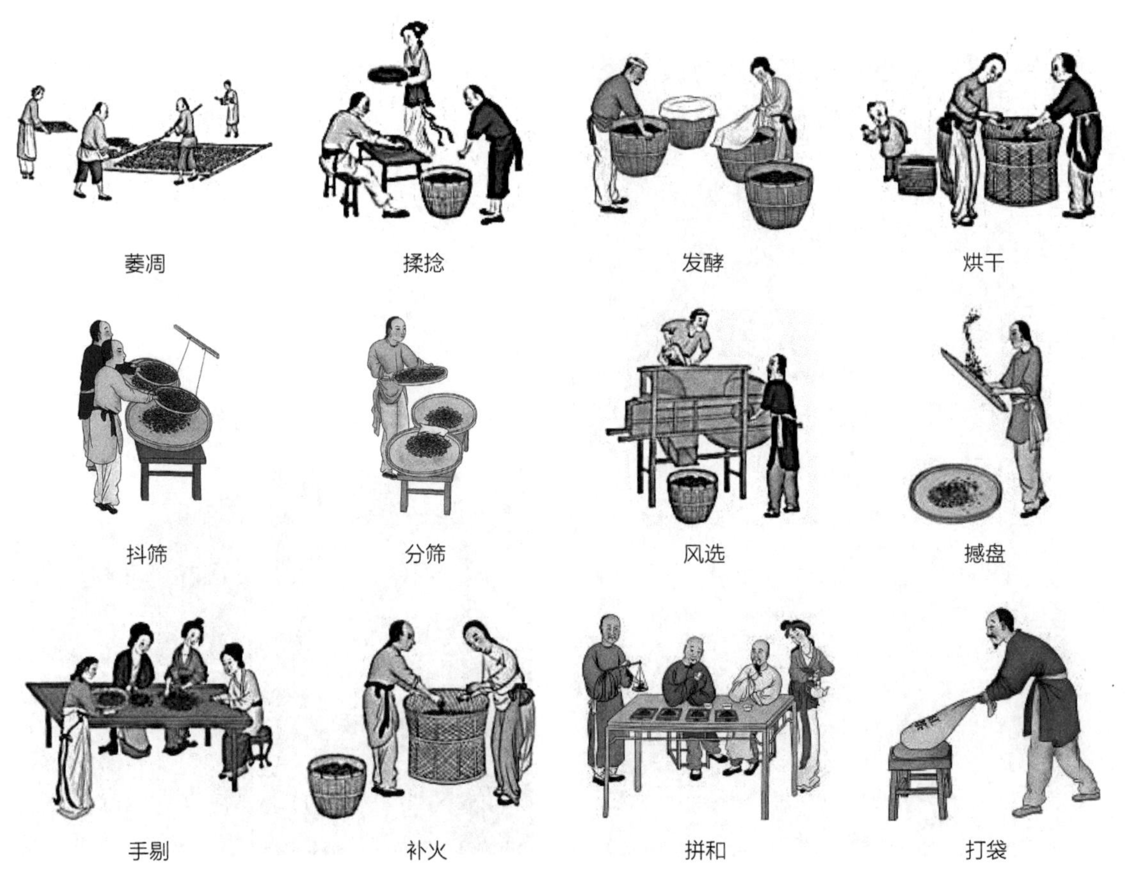

图5-7　祁门红茶制作技艺（图片来源：吴锡端，杨芳. 祁门红茶：茶中贵族的百年传奇[M]. 武汉：武汉大学出版社，2015.）

目为著名茶师胡浩川先生执笔的《天下红茶数祁门》，该戏以祁红的采制工艺为内容，以载歌载舞的形式将祁门红茶从生产到加工的过程表演出来，反映了茶乡人恋茶惜文的情感。除了采茶戏，徽州目连戏也是磻村的一大特色，以演出目连救母故事为主而得名。徽州目连戏是徽州地区古老的传统戏曲剧种之一，被称为“中国戏曲的活化石”。在艺术形式上，徽州戏剧具有完整的形态，为后来徽班的武戏表演奠定了基础。

徽州人对戏剧十分痴迷，婚丧喜庆、祭祖迎神都要演戏，甚至族人犯错还要罚戏，唱戏、看戏已然成为徽州人日常生活不可或缺的一部分。磻村的戏曲发展丰富多彩，对其建筑形式产生了举足轻重的影响。区别于其他地区的古戏台，磻村的敦典堂古戏台、嘉会堂古戏台与祁门所有的古戏台一样，为后期加建于祠堂内部，戏台坐南朝北，紧贴祠堂大门，与享堂相对，祠堂两侧设侧门代替原大门的进出功能。此外，徽戏的辉煌发展为徽州木雕艺术创作提供了精神资源，影响了古戏台木雕中人物形象的塑造手段（图5-8）。

磻村在茶文化与戏曲文化的熏陶下，在与赣文化的交融中，历经近千年的演变与发展，已然是拥有着深厚历史文化底蕴的徽州传统村落，也留下了丰富且宝贵的历史文化遗产（表5-2）。

图5-8　礵村敦典堂木构件雕绘

礵村历史文化遗产一览　　表 5-2

	名称	类别	级别	批次	概况	照片
物质文化遗产	敦典堂古戏台	文保单位	国家级	第六批	陈氏宗祠，始建于1265年，为陈氏次六公所建。祠堂整体为木石结构，分为上中下三室，分别为祖宗灵堂、集会场所和古戏台，总建筑面积约600m^2，整体至今保存完好	
	嘉会堂古戏台	文保单位	国家级	第六批	陈氏宗祠，始建于1225年。祠堂整体为砖木结构，分为上中下三室，分别为祖宗灵堂、集会场所和古戏台，因火灾中室已倒塌，尚遗上下两室，总建筑面积约600m^2	
非物质文化遗产	目连戏	传统戏曲	国家级	第一批	徽州目连戏是徽州地区古老的传统戏曲剧种之一，被称为“中国戏曲的活化石”，以演出目连救母故事为主而得名	

续表

	名称	类别	级别	批次	概况	照片
非物质文化遗产	傩舞	传统舞蹈	国家级	第二批	傩舞又称鬼舞、舞鬼，流行于祁门的傩舞是中国远古时腊月里驱鬼逐疫的一种传统民俗祭祀舞蹈，源于原始巫舞。表演形式是边走边舞，沿街行傩，戴着面具舞蹈，用哑剧动作表演	
	徽州祠祭	民俗文化	省级	第四批	徽州祠祭（祁门）是一种民俗，是徽州宗族的一项重要礼仪活动。一般由族长或宗子主祭。祭祀分族祭和房祭，族祭由族长主持，房祭由各房头房长担任主祭	
	红茶制作技艺	传统手工技艺	国家级	第二批	祁门红茶制作技艺，产于安徽省祁门县。制作过程分为初制和精制两大部分，初制有萎凋、揉捻、发酵、烘干四道工序，精制有筛分、切断、风选、剔除、复火、匀摊等工序。成品祁红外表色泽乌润，条索紧细，锋杪秀丽，独树一帜，被誉为“祁门香”	

二、磻村现存问题研析

（一）生态空间失衡

磻村所属行政村坑口村地处山地河谷之中，森林茂密，清澈秀丽、宛若玉带的文闪河，呈“s”形飘逸而过，生物资源、人文资源丰富。坑口村地势整体以丘陵、盆地为主，森林覆盖率达90%以上，动植物种类丰富，周边旅游资源丰富，具有开发潜力（图5-9）。

然而，磻村虽拥有丰富的自然人文资源，但是实际开发利用的却很少，大多处于“放任”状况。同时，“机械式”地套用城市化发展模式，造成的乡村水土流失、耕地侵占、原生环境破坏等问题正严重威胁着村庄的自然生态环境（图5-10、图5-11）。

（二）生产空间失能

磻村境内耕地面积142亩，山场面积22287亩，农业比较发达。坑口村农民收入来源主要依靠种植经济作物、劳务输出及畜禽养殖等。村内第一产业以茶叶和水稻种植为主，村域东部的山林地产茶叶和竹木等经济作物，结合坑口优美的生态田园风光、古村落、古祠堂和古戏台

图5-9　礵村古村落周边生态鸟瞰

图5-10　古村落外围耕地荒废

图5-11　河道垃圾堆积

群等旅游景点，坑口村2014年旅游接待3000人次，旅游业发展态势较好。

种植业虽为礵村主导产业，但难以形成规模，长期处于产业链底端。虽拥有丰富的旅游资源，但开发资金不足、人才缺失、体制不完善等原因导致村落旅游业尚未形成完整的、系统的产业体系，未能体现旅游经济价值。村内二、三产业发展滞后，产业单一、产业结构不合理等问题，导致村民经济来源较为单一，收入较低。

（三）生活空间失宜

磻村共145户，人口总数528人，但常住人口不足50%，且大多数为老人与孩童，年龄结构不合理。城镇化的快速推进，加上城乡教育、医疗资源的分配差异，导致越来越多的人外出务工、求学，村庄空心化加重，年轻人大量流失，村庄发展建设滞后，活力衰退，生活状态低迷。此外，村落的村口、道路、河滩、寺庙、祠堂、码头等作为村民生产活动的聚集地，是村落中重要的文化活动场所，是村民生活记忆的重要载体，甚至是情感寄托，但在磻村古村落逐渐萧条的情况下，传统公共空间也在逐渐衰退（图5-12～图5-14）。

在规划方面，村庄开始效仿城市建设大面积的广场，追求“高大上”的居住空间，盲目效仿城市的生活方式，忽视了乡村公共空间的地方特色和乡土人情。在建筑方面，比传统材料更加便捷、高效、廉价的新型材料逐渐被村民接受，不伦不类、“中西结合”的小洋楼越来越多，传统建筑形式越来越被轻视，外来文化侵蚀的痕迹愈加明显（图5-15～图5-17）。在生活方面，高科技的引入、互联网的覆盖、城市设施的效仿、“新活力”的注入，表面上看村落重新焕发了生机，但这些反而使不少村民宅在家中，村庄也因此失去了往日的活力。反倒是村头小卖部、桥边、菜园等处人来人往，颇具活力。根据实际走访调查得知，磻村村民的日常活动内容单调，以看电视、聊天为主，另外也有听广播、上网、棋牌、体育活动等（图5-18）。

图5-12　村落原次入口现状

图5-13　破败的祠堂

图5-14　荒废的码头

图5-15　传统徽州建筑马头墙

图5-16　徽州的传统民居建筑

图5-17　新型建筑形式与材料的民居

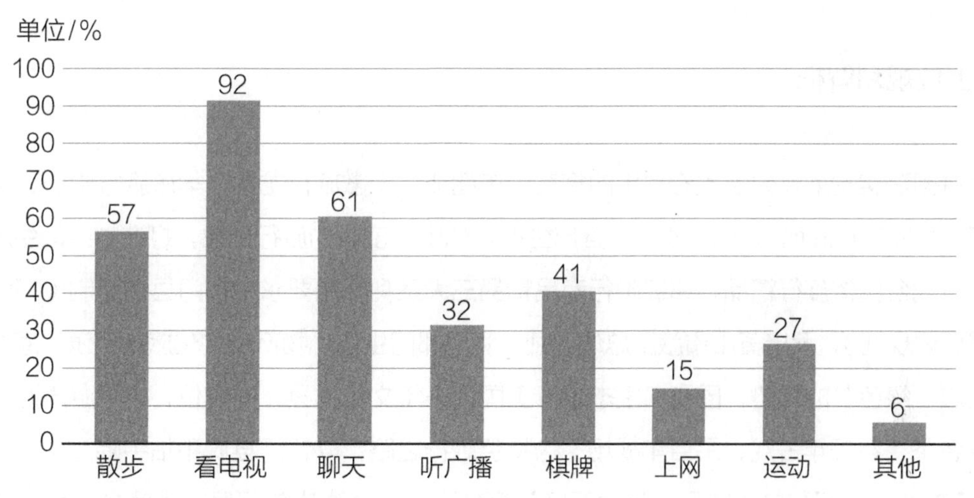

图5-18　村民日常活动内容情况

（四）非遗文化失活

磻村有着深厚的历史文化，村内民风民俗丰富多样。受宗族文化影响，村民自古以来便重视家庭教育，村民尊祖重道，谨记祖先遗训，并撰写家法垂训后代。在这种以血缘为情感纽带的家族文化影响下，村内形成了良好的社会风气，传统民风民俗也得以代代传承，目连戏、傩舞、祠祭、红茶制作技艺等更是相继被列为国家非物质文化遗产。

然而，磻村传统村落在当下模式化的城镇化建设和城乡资源倾斜的背景下，逐渐被边缘化。同时，年轻人流失使传统村落失去新鲜血液，传统非遗文化的传承延续面临严峻考验。传统文化在现代高速城市化发展的冲击下，正逐渐失去活力。

（五）村落治理失调

随着时代的发展，传统村落的内生动力已无法满足人们对美好生活的需求。磻村以发展农业为主，但传统产业抗灾能力较弱，人口外流导致缺乏劳动力，且农业生产投入大，收入低。磻村虽依靠村落自身资源大力发展乡村旅游业，但在取得一些成果的同时，也给村落的治理带来了不可回避的阻碍。

传统乡村的治理以往仅将村民作为单一主体，随着外部资本与外来人员的入驻，传统的单一治理手段已无法应对多元主体共存的新乡村发展。同时，乡村治理存在村民集体经济意识薄弱、治理意愿缺乏、基层领导干部人才匮乏，以及基层治理政策不完善等问题，这给村落基层治理与村落建设发展的推进带来了较大阻碍。

三、磻村发展研判

（一）上位规划解析

为贯彻落实安徽省委省政府提出的将黄山市建成“安徽旅行龙头、华东旅行中心、中国旅行名牌、世界旅行胜地”，以及着力“推出生态、休闲、度假的旅行形象，打造牯牛降生态旅行精品、古戏台民俗旅行精品、祁红旅行商品精品三大系列”的要求，祁门县特编制《祁门县旅游发展总体规划》，承接黄山市旅游总体规划，利用祁门生态、物产及文化旅行资源“原始、古朴、生态、绿色”的优势，围绕“生态旅行王国，千年文化古县”的定位，走“游原始森林，品世界名茶，看千年古戏，吊百年战场”的特色旅行之路，以祁门县城和牯牛降为中心，构建“两核两带两环五区”总体布局，其中五区包括牯牛降森林生态旅行区、古戏台文化生态旅行区、茶文化生态旅行区、生态工业旅行区、生态农业旅行区。依据《祁门县旅游发展总体规划》和《乡村建设行动实施方案》提出的“美丽乡村”概念，祁门县以326省道为主轴线，以县城为发展核心，在东部加强产业集群发展，优化与周边区域的关联度，西北部强化旅游文化休闲产业发展，南部突出生态农业建设，强化生态效应，从而构建出均衡的经济发展格局。西北部经济区主要包括闪里镇、历口镇、安凌镇、箬坑乡、新安乡和渚口乡。规划结合牯牛降自然保护区和徽派村落，大力发展文化旅游休闲产业，同时利用边境优势，凸显边境贸易职能，形成具有良好城乡环境系统的综合经济区。

《祁门县闪里镇总体规划（2010—2030年）》中明确了城镇性质：市域西部中心镇，以生态旅游、根雕、特色农产品加工交易为主的皖赣边界贸旅型城镇。镇域政治、经济、文化中心，以根雕制作交易，特色农产品加工，贸易及徽文化体验，生态旅游业为主，村镇体系形成“一心、两轴、三点”的空间结构。“一心”：中心镇区，是镇域的发展核心，集中在镇域中部，是整个闪里镇的公建核心区。“两轴”：南北向的大洋线经济发展轴，东西向的慈张线经济发展轴。“三点”：港上、桃源、坑口。其中对坑口村的职能要求为：以古村落旅游为主，配套发展旅游服务业的商旅型中心村。在对磻村中心村的规划中，以美好乡村为建设目标，依托现状建设用地进行更新整治，增加的新村建设区符合土地利用规划中的允许建设区及有条件建设区。

（二）资源优劣分析

坑口村属亚热带季风气候，雨量充沛，自然、生态环境俱佳。年平均气温15.6℃，降水量1781.4mm。境内生物资源丰富，除主产松杉杂木、水稻、茶叶和油茶外，还盛产毛竹、香菇、木耳、猕猴桃等种类繁多的土特产，以及祁蛇、杜仲、厚朴等天然药材。村落位于祁门县西部，地处皖赣两省结合部，是安徽“南大门”，黄山“西窗口”，历史悠久，文化浓郁，具有丰富的自然人文资源，享有“徽州古戏台之乡”“皖南根艺第一村”的美誉。2012年，坑口村被列入第一批中国传统村落名录；2014年，坑口村被列入第六批中国历史文化名镇名村。

村域境内及周边旅游资源丰富，交通便利，具有旅游开发价值。境内保留了完整的唐代王璧古墓、南宋陈氏宗祠、明清时代古民居等古建筑，拥有被列为全国重点文物保护单位的古戏台3座，其中磻村2座，坑口1座。2006年，会源堂、敦典堂、嘉会堂古戏台群被列入全国重点文物保护单位。村域外，文堂、桃源两处古村落坐落在其北边，南边紧邻中国历史文化名村严台、沧溪两处古村落（图5-19、图5-20）。

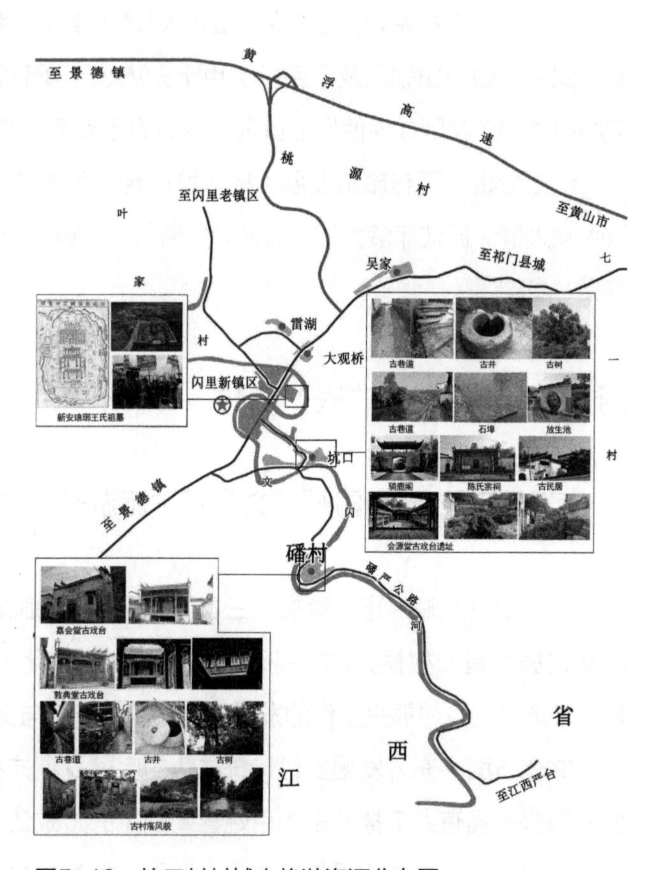

图5-19　坑口村村域内旅游资源分布图

（三）村域联动整合

坑口村所处区位条件优越、自然人文资源丰富，具有旅游开发的潜力。应在立足规划指导思想、功能定位和产业发展的基础上，充分利用村域内的生态河谷、国宝古戏台资源、特色传统文化优势，围绕生态农业和休闲观光，大力发展以游古村、赏徽戏、体民俗、品土菜等特色经济为主体的“生态农业观光、特色文化旅游、田园生态康养”乡村休闲度假旅游。整合村域内可利用的资源，打造皖赣交界的乡村旅游精品村，形成“以文促旅、以旅带农”的村落旅游产业发展新格局，最终实现增收创收，提高农民整体收入的目的。

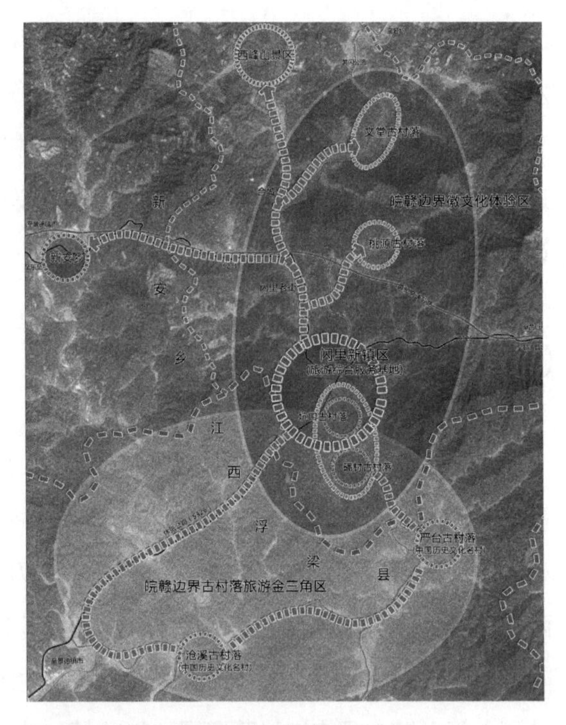

图5-20　坑口村周边旅游资源分布图

（四）目标人群定位

随着我国国民经济高速发展，人民物质生活水平的提高，人们开始追求精神层面的满足，尤其是城市居民在厌倦了城市快节奏生活的情况下，开始向往节奏较慢的田园乡村生活，乡村旅游也得以迅猛发展。国内外相关经验表明，乡村旅游产品的空间区位，最好是2个小时之内的城市近郊或道路条件良好的风景名胜区的周边地带。在乡村旅游中，学生所占的比例很大。一部分为中小学生，在学校组织带领下，参加学校举行的研学、春秋游等活动。另一部分则是大学生，利用节假日旅游，且对旅游的热衷程度很高。此外，城市白领以及工薪阶层也十分热衷于在节假日外出游玩，而往返便捷、成本低的城市周边乡村旅游则成为他们的首选。他们的年龄多分布在30～50岁，许多是一家人亲子同游。

综上分析，磻村旅游发展目标人群应定位为周边城市的白领、工薪阶层、学生等，精准定位受众人群。抓住年龄大的，重温“乡情”；发展年龄小的，体验“乡文”；抓住中间年龄段的，感受“乡趣”。

四、“五态”融合“兴”磻村

（一）发展定位：“田园+”“文化+”“旅游+”农文旅融合田园综合体

乡村振兴战略提出，解决“三农”问题关系到国计民生之根本，是全党工作的重中之重。而文化振兴是乡村振兴的精神动力，只有加强文化振兴，树立发展信心、激发农民信心和力量，才能推动乡村振兴工作的发展，实现乡村产业与文化的全面发展。

文化方面，充分发掘乡村传统文化的底蕴、精神和价值，赋予它新的时代内涵，使之成为乡村振兴的强有力支撑。采用百姓喜闻乐见的方式让优秀文化入脑入心，更好地传播社会主义先进文化，弘扬中华优秀传统文化，继承发扬革命文化，提升乡村文化的生动性、吸引力和感染力，增强乡村文化软实力。

产业方面，加强村落的传统格局和历史风貌的保护性利用，挖掘乡村文化禀赋，整合乡村文化资源，依托旅游业的发展，找准市场脉络，不断改革创新，带动乡村传统工艺品、绿色生态农产品的销售，并拓宽销售渠道。同时，推动村落传统文化的宣传工作，打造具有地方特色的文旅产业，把旅游要素聚集起来，提供互动式、体验式、嵌入式服务体验，让乡村文化在发展中保护、在保护中发展，形成保护和传承的良性循环。

通过集聚产业、文化、旅游各方面优势，融合村落资源，全面建设村落，带动经济增长，打造“田园+”“文化+”“旅游+”农文旅融合田园综合体。

（二）村落活化总体策略

乡村的生态环境、历史文化、空间形态、产业构成、社会形态五个组成要素，对应着乡村的生态、文态、形态、业态、社态，综合反映了乡村的历史文化特色、生产生活方式和社会关系结构。五态之间相互适应，协同综合发展才能最大限度地开发出其价值。在乡村振兴的背景下，针对磻村现状，提出“生态为基础、文态为特色、形态为支撑、业态为血液、社态为灵魂”五态融合发展的村落活化利用策略，发掘地方文化特色，发展地方产业经济，对古村落的保护发展和美好乡村建设进行探索性实践。

（三）生态为基，建设宜居乡村

磻村整体生态条件优越（图5-21），但局部也存在垃圾随意堆放、生活污水乱排的现象。改造时，完善污水管网、垃圾投放点等生活基础设施，对河道及古村落街道进行环境整治，同时加强生态保护宣传，深化环境保护意识，优化村落人居生态环境（图5-22）。为保障村落的可持续性发展，强化各个规划部门之间的衔接与协同，构建一套完整、全面的生态管控体系，实现村庄规划的“多规合一”，对村落房屋建设用地及企业开发用地进行严格约束，保留古村落外围原始耕地，确保村庄农耕用地的保有量。坚持以生态绿色可持续为发展理念，一切建设活动建立在不破坏村落生态环

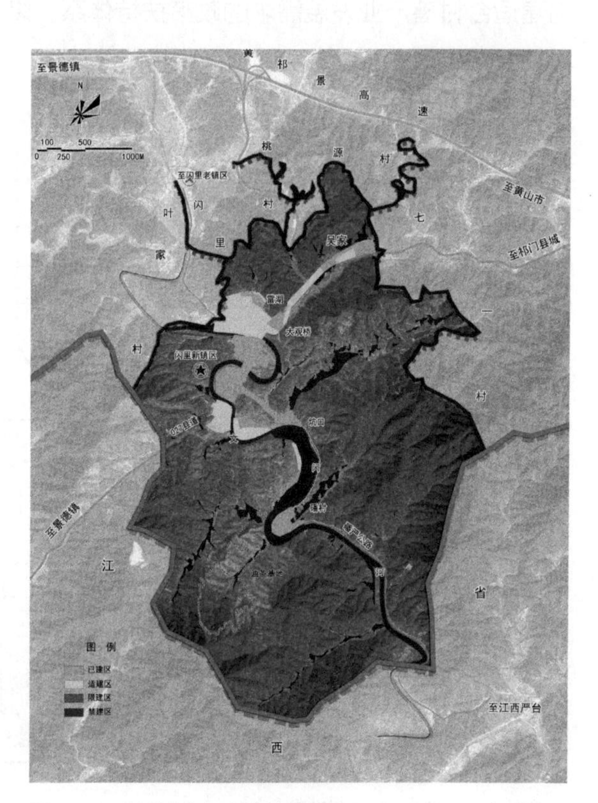

图5-21　村域空间管制规划图

境的基础上，协调好村落建设过程中，生产、生活、生态三者之间关系，推动磻村生态的全方位综合整治。

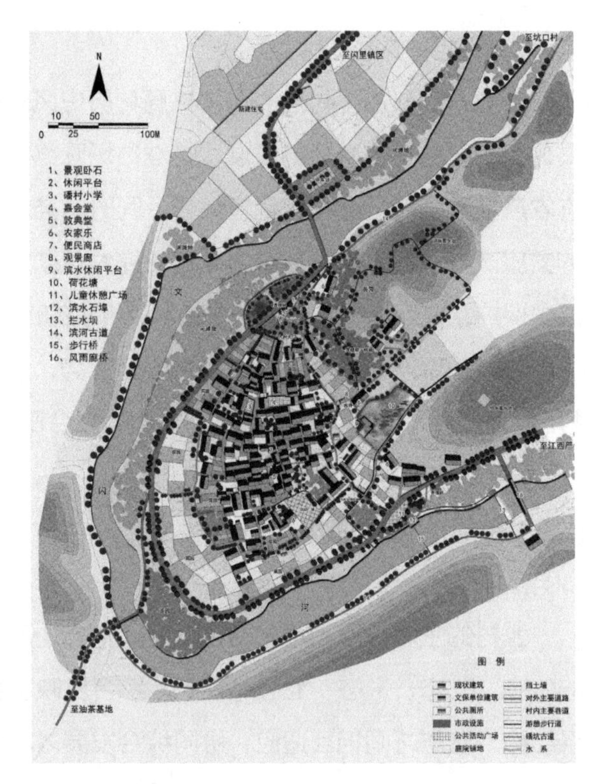

图5-22　磻村古村落总平面规划图

（四）业态为血，融合文旅产业

1. 提升茶产业主导优势

以茶叶种植为磻村特色产业，优化茶产业发展模式，明确发展导向（图5-23）。其一，改变销售方式。以传统的交易方式结合网上销售，发展农村电商，拓展茶产品销售渠道，提高产品知名度和产品销量。其二，完善茶产业链。联动村落其他产业，集中资源打造规模化茶叶种植产业基地，紧密联系上、中、下游等各生产环节，形成完整的产业链，实现产业的规模化、集约化经营发展，提高生产质量与效率，促进茶叶加工业发展，从而带动高附加值产品的生产。其三，完善产业发展保障体系。构建适合村落产业发展需求的政策扶持体系，降低政策门槛；以政策引进专业型人才、融合社

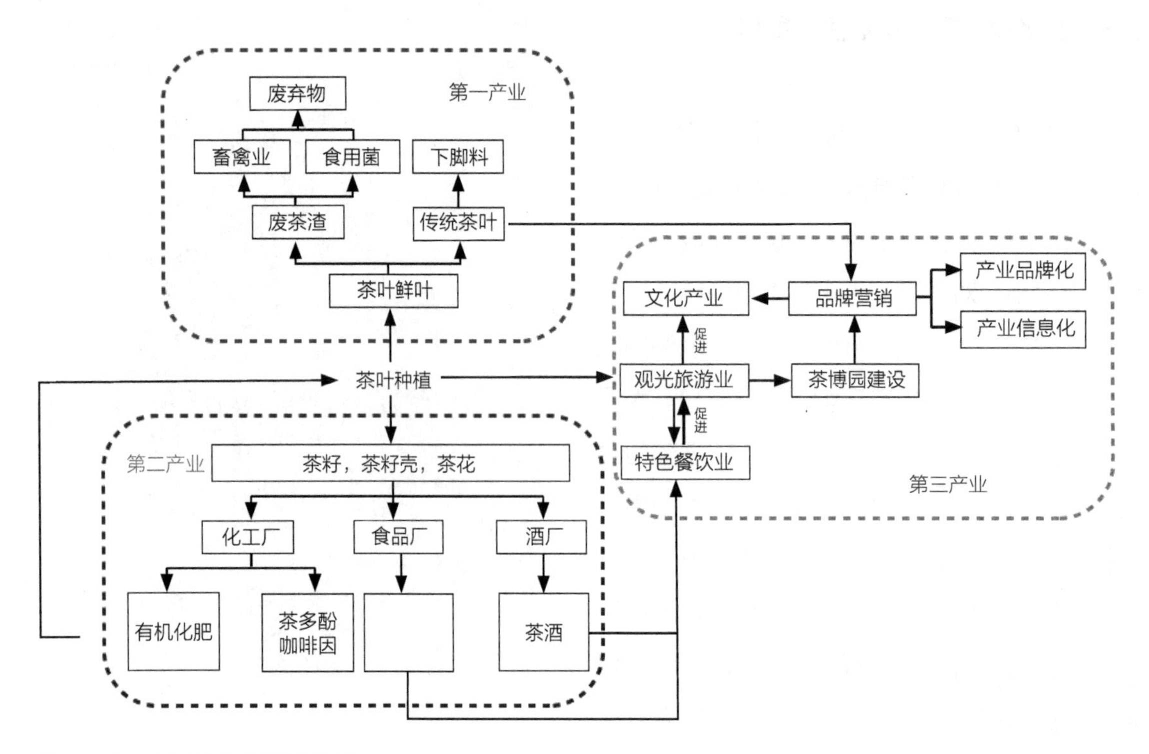

图5-23　磻村茶产业发展分析

会资本，为产业发展提供后勤保障；实行奖励政策，优化企业成长环境，激发企业经营者积极性，促进乡村企业发展。

2. 发展古村落特色旅游

磻村自然人文底蕴深厚且周边旅游资源丰富，具有发展旅游的巨大潜力。充分利用古村落资源及地理优势，大力发展磻村旅游业，建设特色旅游村，推动村落经济发展。以古村落、古戏台群、文物古建筑和地域文化为文化旅游产业的核心竞争力，打造特色文化旅游村，围绕“农业生态观光、特色村镇旅游”主题，与周边景点协调发展，发展观光农业、休闲农业以及古村特色民宿，打造多层次的休闲农业与乡村旅游体系（图5-24、图5-25）。积极提升改造特色茶园和油茶基地，加快发展以国宝古戏台及民俗文化为特色的古村落乡村旅游，形成“台上看戏，台下品茗”、独具特色的“一村一品”格局。

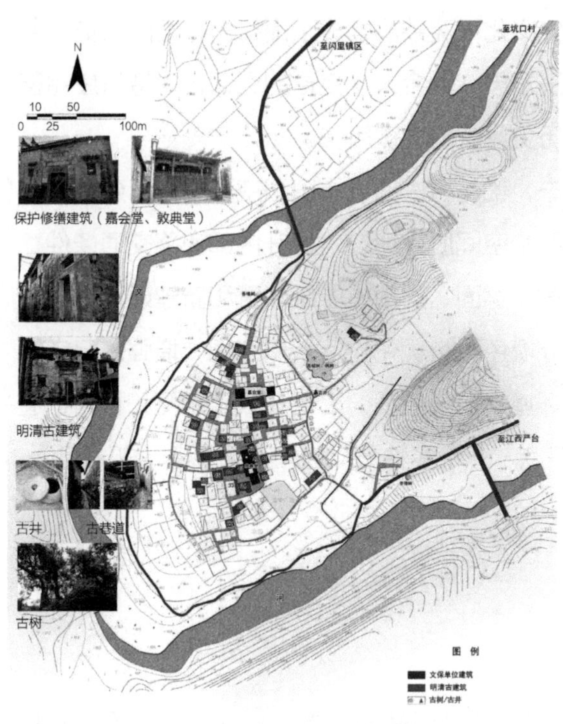

图5-24　磻村古村落文物分布图

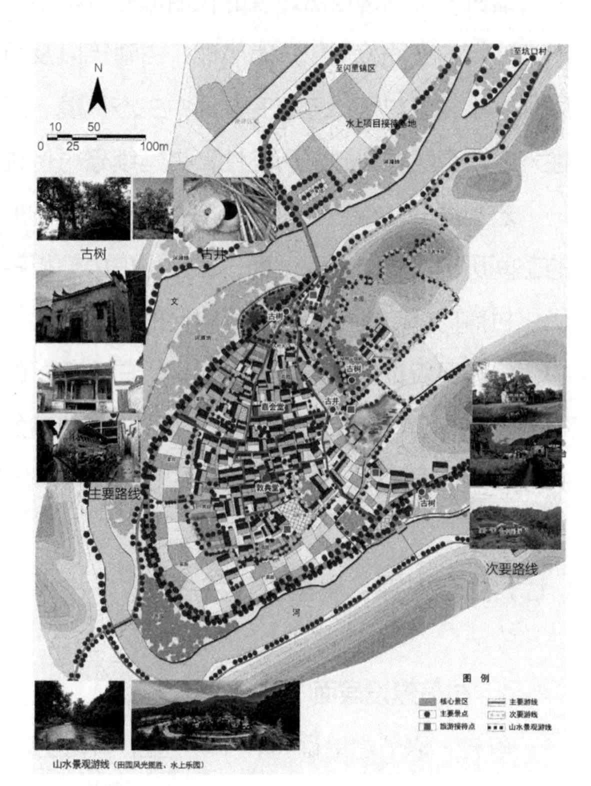

图5-25　磻村古村落旅游路线规划图

（五）文态为魂，传承非遗文化

在尊重村庄历史文化的基础上，发掘并传承特色文化，重新唤醒乡村活力。以磻村的古戏台文化为核心文化，重振村落地域文化，增强文化保护意识，重建乡村文化自信。首先，提高村落文化基础公共服务水平，深入了解并剖析其文化内涵与特征，制定合理的保护措施，优化公共文化服务网点布局，实现文化精准帮扶。其次，加大村落文化建设力度，加建村文化站、文化宣传栏等基础设施，满足村民日常文化需求。在保留古戏台原有历史风貌的基础上，通过文化展览、AI展示体验、研学教育等方式，对古戏台进行活化利用，加强村落文化宣传，提高知名度。最后，由地方政府牵头，打造村落文化特色品牌。以古戏台和古村落为核心竞争力，结合磻村自然资源，通过发展田园休闲旅游将其串联起来，形成多层次的休闲农业与乡村旅游体系，提炼独有的乡村文化IP，定期组织开展目连戏公益播放、戏曲文艺晚会、红茶制作比赛等活动，增强村民对本土文化的认同感。

（六）形态为体，保护村落格局

磻村在与周边自然环境的长期适应过程中，形成了村落与环境相互映衬的磨形村落空间形态，独特的空间格局和形态肌理、古建筑以及历史文化积淀共同构成了磻村古村落的历史特色风貌，承载了村落历史演变过程中生态环境、经济发展、社会人文变更的记忆。保持村庄完整性、内部真实性、建筑历史性，是延续磻村传统历史风貌的关键所在。

宏观层面，保护古村落内外以及周边自然形态，优化村庄的山水田园空间格局，延续磻村的空间历史文脉。中观层面，保留村庄内部街巷原始空间肌理形态，提升内部道路交通条件，优化村落内部功能空间，提高村民的居住体验。微观层面，对磻村传统建筑和新建建筑进行保护修缮和风貌控制引导，延续“黑、白、灰”的外墙色彩；优化村落入口空间，增强入口空间标识性；构建村落景观空间，展示原生态的自然环境与自然景观。沿磻严公路两侧和村内巷道打造滨水田园景观带和村落观光轴，营造“一区多点、一带多轴”的空间景观风貌（图5-26）。

（七）社态为媒，重塑乡村秩序

1. 村落建设层面

首先，以“水磨磻村、千年迷宫”作为文化招牌，吸引社会资本、企业、人才投入磻村的发展建设，振兴村庄产业，给村民创造本地就业的机会，吸引外出就业的原住村民回乡再就业，投身村庄的建设，形成良性循环。在村落运营过程中，保护处于弱势地位的村民，以村民利益为主体，保障村民的经济收入，使村民能够共享村落发展的果实。其次，完善村庄生活基础设施，加强文化场所建设，强化村民居住幸福感和归属感。

2. 村落治理层面

乡村与城市在产业、生活方式、土地性质上均不同，需根据村落自身情况制定适合其发展的治理模式。首先，决策民主化。应贯彻以人为本的发展理念，把国家政策与民众自发创造结合起来，形成自上而下管控与自下而上发展的良性互动，充分考虑主体村民的意愿，倡导村民

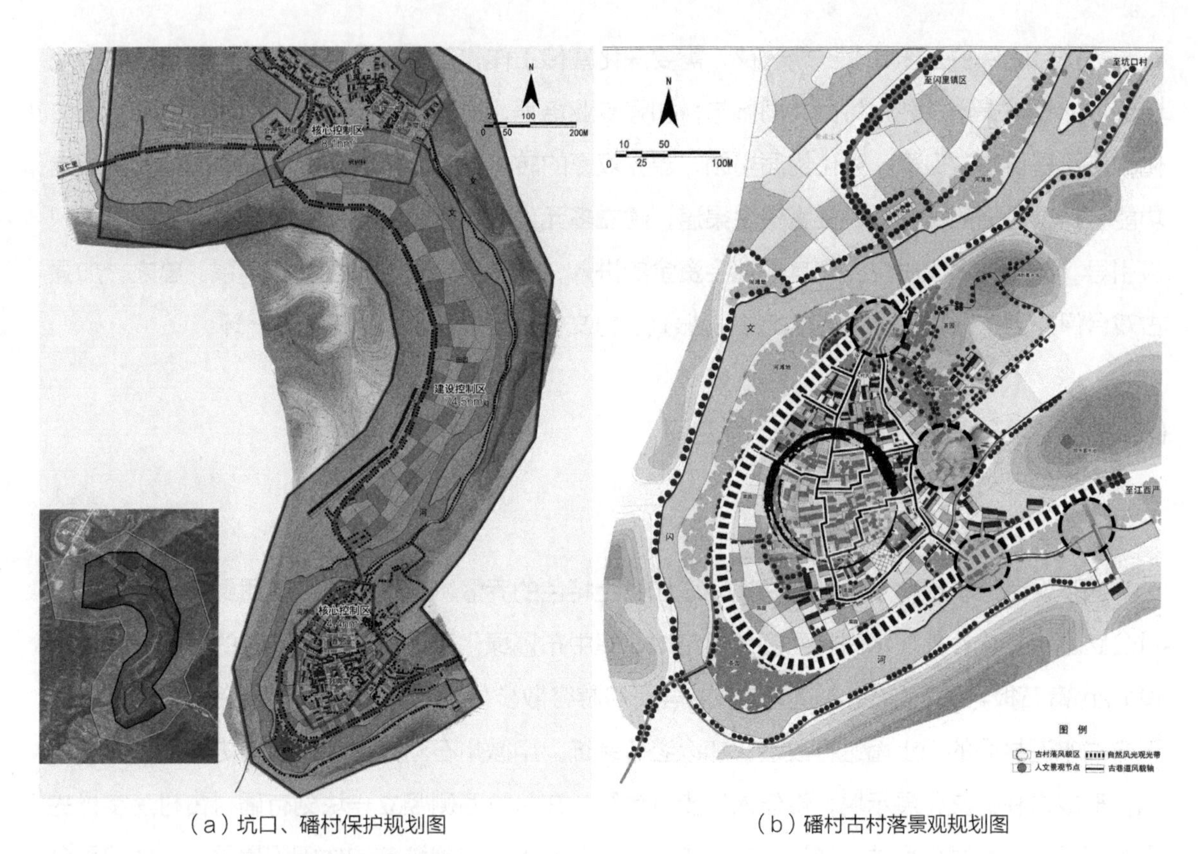

（a）坑口、磻村保护规划图

（b）磻村古村落景观规划图

图5-26　村域保护规划与村落景观规划

自主创造。其次，管理人性化。加强基层党组织建设，提高村干部的素质水平，明确政府各个部门的相关职责，完善相关管理制度，使村落发展问题的治理更具针对性、有效性。最后，治理体系化。健全村民自治体系，通过完善村落分层决策参与机制、构建村民监督举报平台，确保村民对村落的发展拥有知情权和决策权，实现多元主体共治的村落治理局面。

五、建筑单体改造设计研究

（一）“续”文脉——活态保护利用古戏台

乡村不仅是农村居民的精神之源，也为中华民族留下了丰富的文化遗产。而古戏台作为乡土文化的物化表征，是古人建筑营造技艺的智慧结晶，记录了一个区域的社会心理、民风民俗、文化观念的发展演变，在中国传统文化中占据特殊的地位。

磻村拥有嘉会堂、敦典堂两处古戏台，于2006年被列为全国重点文物保护单位，具有重要的历史与科研价值。然而由于保护意识淡薄、传统手工艺传承困难、资金投入不足、保护政策不完善等问题，保护工作困难重重，古戏台被封闭起来，失去了原有的功能作用，而其所承载的乡村传统文化色彩也逐渐失去光辉。

古戏台的保护工作并非一朝一夕，需要深化宣传工作，建设全民参与保护机制，拓展古戏台保护的参与渠道，鼓励村民共同参与；加强专业培养，通过对非遗传承人的培养，为传统文化的传承提供基本保障；强化优质引领，建立双赢的转化机制，结合实际情况活态延续其原始功能，实现价值的再创造；拓宽资金渠道，建立多元化的筹资机制，加大政府投入的同时，积极引导、鼓励外界优质企业和其他社会资金的进入，构建多元化的资金结构体系。总之，加强古戏台保护工作、“重启”祠堂古戏台、振兴乡村文化是延续乡村文脉的重要一环。

（二）“美”环境——整治重要节点空间

1. 提升村落入口空间

通过保留原有磻村水口林内古树，增加乡土特色的乔灌木，提升村口软质绿化环境；对沿村公路进行硬化，并在水口林西侧邻河空地，集中布置绿化草地；在水口下方的滨水岸线边铺设1.2m青石板与卵石结合的游步道，供居民和游客散步休闲，打造入口游园空间；对水口林下方的水泥材质的挡土墙进行改造，加以老砖装饰，用徽州石刻描述磻村的历史典故和人文景点，形成古朴的文化展示墙；修建入村步行台阶，在台阶西侧竖立一块刻有磻村古村落字样的景观标识石，增强引导性。通过入村的步行台阶路进入村口牌坊前的休闲观景平台，休憩平台用鹅卵石铺砌，在香樟古树下设石质椅凳，构建可供人在此休憩的公共交往空间（图5-27）。

2. 构建滨水室外空间

磻严公路顺水绕村而建，在磻村东南部磻严公路东侧有一座拱桥，桥体现状质量完好，规划在廊桥中间加建一个两层挑檐的休憩廊亭，上挂牌匾，为通过磻严公路由赣入皖的行人或游客提供标识，让他们知道前面就是祁门的磻村古村落。桥东一处两层楼民居，可结合门前庭院和廊桥开展农家乐，廊桥的下方上游规划结合老滚水坝修建堰坝和卵石汀步，结合旧址上游20m处修建的古埠头及滨水游步道，同时，修复留存的步行景观跨河木桥。通过堰坝和卵石汀步，以及步行景观跨河木桥，把文闪河东西两岸的古道串联起来，形成环形游览线路（图5-28）。

3. 打造村内观景空间

利用村东北侧两条山脉之间的积水凹地修建一处荷花塘，在荷花塘西侧修建亲水木栈道、休息平台和观景凉亭。这条游览木栈道把北侧的古井、后山茶园以及南侧的农家乐都串联起来。古井经过修复，可以开展体验式和互动式的旅游项目，增强趣味性。在荷花塘东北角设置一处水车，由南侧入口望去景色宜人，美不胜收。有条件的居民可以选择在荷花塘周边开设农家乐，充分利用周边田园风光和荷花映月水景进一步提升农家乐品质，塑造良好的农家院落形象，打造农家乐示范点，体现游客“归园田居”式的向往，形成旅游线路上一处亮丽的农家风情小院（图5-29）。

图5-27　古村落村口水口林节点设计

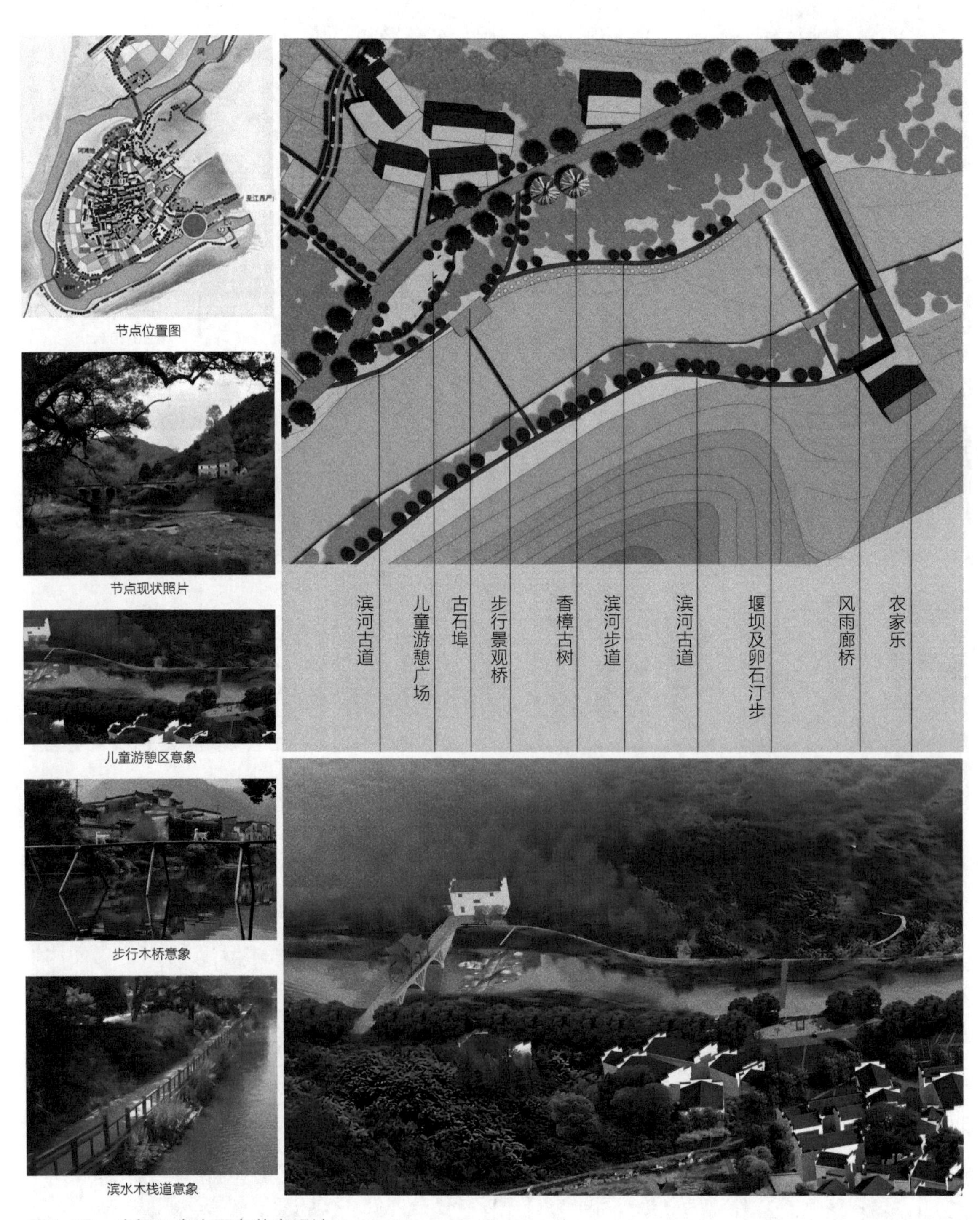

图5-28 廊桥及亲水平台节点设计

图5-29 村内荷花塘节点设计

（三）“融”产业——促进产业融合发展

磻村历史悠久的戏曲文化和底蕴深厚的茶文化，是磻村的历史文化根底。磻村的特色地域文化吸引了外来游客，从而带动本土茶产品的销量和茶产业的发展，而游客又推动了当地文化的宣传以及文化周边产业的发展，形成了“以文促旅，以旅带农”的乡村旅游发展模式。可见，产业的融合发展对带动农村产业经济增长发挥了重要作用。

磻村旅游业的快速发展，给磻村的经济复苏注入了极大活力，物质层面的建设日渐完善，精神文化层面的建设也提上了日程。规划拟在村内建设一处传艺社，借乡村旅游业发展之势，带动村落的戏曲文化和茶文化宣传，从而推动产业的融合发展，同时，增强村民文化自信与文化归属感。项目选址于村内国家重点文物保护单位对面废弃的磻村小学（图5-30），在改造的基础上打造成磻村传艺社。

磻村小学为20世纪办学热潮期的产物，随着城市化的进程加快，传统村落的发展逐渐停滞，导致教育资源匮乏，人口流失，适龄儿童减少，学校生源萎缩，学校最终闲置了下来。小学的改造定位为集休闲、展览、交流、体验功能于一体的公共服务空间，主要服务于进村参观的游客，展示磻村的戏曲文化和茶文化，同时提供舒适的休憩交流空间。

小学建筑为一进三开间，共两层。建筑面宽14.2m，进深8.6m，一层层高3.2m，二层

图5-30　磻村小学位置示意

（a）建筑主立面

（b）木柱腐朽老化

（c）墙体发黑老化

（d）木构件开裂受损

图5-31　磻村小学现状

层高2.9m。厨房长6.97m，宽4.53m。原始建筑主体采用木结构梁、板、柱承重，占地面积148.8m^2，建筑为两层的砖木结构建筑。楼屋面板情况一般，构件表面均未涂防腐涂料，采用青砖空斗墙围护结构。因年久失修，房屋木结构梁、柱多处存在开裂损伤。房屋屋面渗水，局部木构件存在腐朽老化损伤。房屋围护砖墙墙体存在发黑老化现象，局部砖块风化。部分承重结构不能满足安全使用要求，房屋局部处于危险状态，构成危房（图5-31）。改造过程中，保留了部分保存较好的墙体，对其进行修复翻新；拆除了部分破损、功能缺失的老旧墙体，新建墙体代替其原有功能。

内部功能上，小学原始的建筑内部功能主要由教学、办公、餐厨三部分组成，其中教学功能占了绝大部分空间，餐厨独立于主体建筑，附加在主体建筑背面。空间上没有明确的界限划分，一楼空间同时承载教室与小学大堂功能，侧边的折跑木梯直通二楼的教学空间。改造将建筑内部空间整体划分为四个区域，分别赋予其明确的功能，使每个区域在空间上划分出明确的界限，四个区域以中间的楼梯连接，形成“H”形的对称空间分布，并在一层原有的窗户上往外延伸，形成飘窗形式的榻榻米休息空间（图5-32～图5-36）。

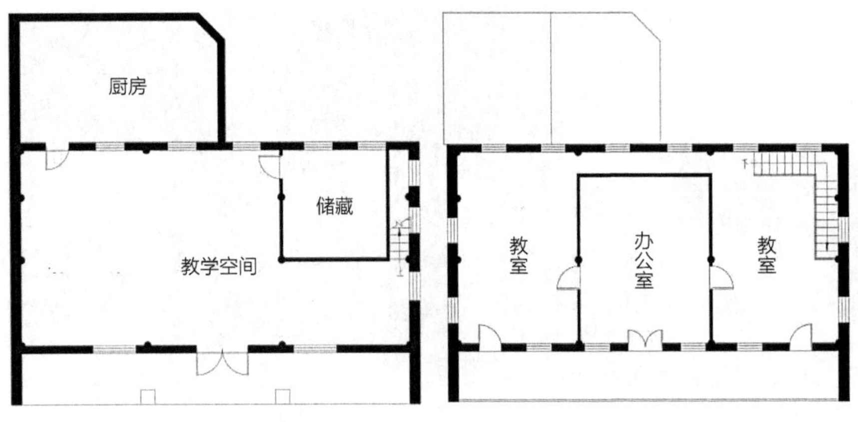

（a）原始建筑一层平面　　（b）原始建筑二层平面

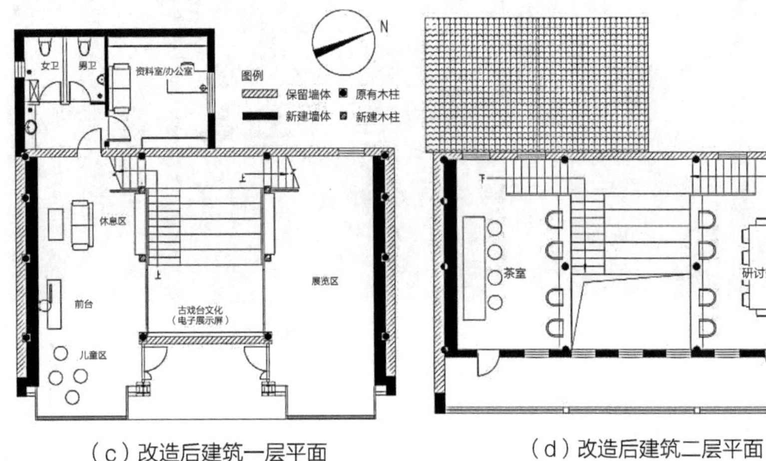

（c）改造后建筑一层平面　　（d）改造后建筑二层平面

图5-32　礌村小学改造前后平面对比

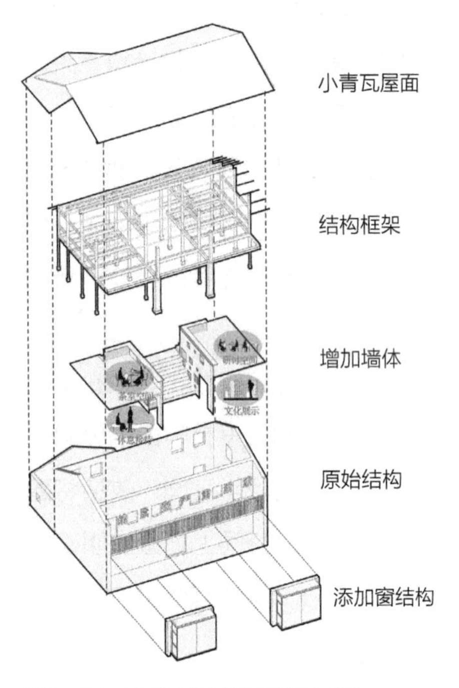

图5-33　改造后建筑轴测分析图

图5-34　改造后建筑室外效果图

图5-35　室内展厅效果图

图5-36　室内剖透视效果图

（四）“强”功能——改造利用闲置建筑

1. 游客中心

为适应乡村旅游的发展趋势，规划时完善了磻村村内相关配套功能，对闲置建筑进行再利用，将传统民居改造成游客接待中心和特色民宿。游客接待中心改造项目选用村子南边的一处传统民居，这里邻近磻严公路，交通便利，门前的大面积空地可作为游客的集散场地以及停车位使用，条件优越（图5-37）。门前青山绿水环绕，风景优美。

民居建筑整体保存较为完好，房屋传统风貌保存完整，具有一定的历史文化价值，作为游客接待中心具有一定的标识性。但房屋内部部分墙体发黑老化，厨房内部木构件因长期烟熏，老化严重，存在一定的安全隐患（图5-38～图5-41）。

场地入口空间是游客接待中心的形象标志，也是村民和游客记忆的总标识，更是一个凝聚村民归属感的场所。在营造过程中，重点体现场所感，将地域文化特色和特有属性、建筑元素融入设计，打造一个使游客具有认同感的标识物。设计上，将建筑门前菜地进行填方，与建筑门前地面相平，修建广场作为游客、村民的集散空间。利用曲折的连廊将建筑入口“延伸”出来，末端处建造一座凉亭，供游客或村民休憩。连廊的延伸在视觉上给予游客较强的冲击，古色古香的凉亭给人留下深刻的印象。夜晚，整个广场空间在灯光的映衬下显得格外典雅、温馨，也成为村民饭后活动、跳广场舞的公共活动空间（图5-42）。功能上，接待中心具备了整个磻村的游客接待功能，同时具备咨询导览台、卫生间、游客休息室、办公室、员工休息室等功能空间。空间上，原建筑的坡屋顶和内部的天井是需要保留并加以表现的特色元素之一，沿

图5-37　游客中心位置示意

图5-38　建筑主立面

图5-39　厨房木构件老化严重

图5-40　建筑内外墙体发黑老化

图5-41　游客接待中心改造前建筑鸟瞰图

图5-42　前广场改造后夜景图

用原有屋架的空间关系，进行空间重构，一层新增的服务接待大厅、休闲茶座、土特产特卖三部分通过一个极具引导性的天井中庭空间相互串联，各部分空间虽功能不同，但都在与中庭的联系中形成公共与私密、喧嚣与安静的微妙转换（图5-43）。

（a）原始建筑一层平面图

（b）原始建筑二层平面图

（c）改造后建筑一层平面图

（d）改造后建筑二层平面图

图5-43　游客接待中心改造前后平面对比

2. 驸马府民宿

驸马府民宿组团基地项目选址于村子的东北角，毗邻村子入口处。组团共有4栋建筑，均为自建民居用房。其中1号房屋相较于2号、3号、4号房屋，内部木结构老化严重，但主体建筑外部墙体保存相对完好（图5-44～图5-46）。“小桥流水桃源家，粉墙黛瓦马头墙”是对徽派建筑最为形象生动的描述，因而在对徽州传统风貌建筑进行改造时，保留其原有的建筑风貌，契合周边建筑风貌环境尤为重要。

图5-44　驸马府1号民宿基地位置示意

图5-45　房屋墙体保存完整

图5-46　木柱老化严重

原始建筑的整体外立面较为完好，仅对建筑的外立面进行维护翻新。徽州地处东南山区，多风多雨易潮湿，暴风重者摧毁房屋，轻者掀翻屋瓦，因此，盖砖墙瓦顶较为实用。徽州多山且多树，建筑材料大量利用砖木结构，对于拆除的原厨房墙体和辅房墙体，采用小青砖重新堆砌。拆墙加窗、扩窗、开设天窗解决了原始建筑窗高且小、采光面积不足等造成的通风采光问题，提升了室内居住环境。场地设计上，将建筑与周边建筑形成围合的院落作为室外的休憩花园，可摆上临时桌椅，提供夜晚喝茶亲近自然的空间，与对面的梦蝶餐厅形成对景（图5-47）。

功能上，保留一层卧室功能不变，原有的天井上方屋顶开设天窗，既保留原有的天井元素，又增加室内的通风采光。原有的厨房区域改成公共休闲客厅，可供房客休憩、娱乐。在原来利用率较低的三角区域，贴墙加装一部折跑楼梯，作为二楼客房的交通楼梯（图5-48）。将原建筑的坡屋顶辅房拆除，新建平屋顶房间，作为一楼的客房空间，屋顶作观景平台，并增设带顶的外挂楼梯，房客可通过外挂楼梯到达二楼的客房或屋顶的观景平台。将原来二层阁楼大空间划分为两部分，作为二楼的客房区，以增加客房数量。空间上，建筑一层原为卧室，二层为开放大空间阁楼。改造成民宿后，一层空间格局变动不大，二层大空间划分为两个空间，保留天井（图5-49、图5-50）。

图5-47　民宿场地入口效果图

图5-48　公共休闲区剖透视效果图

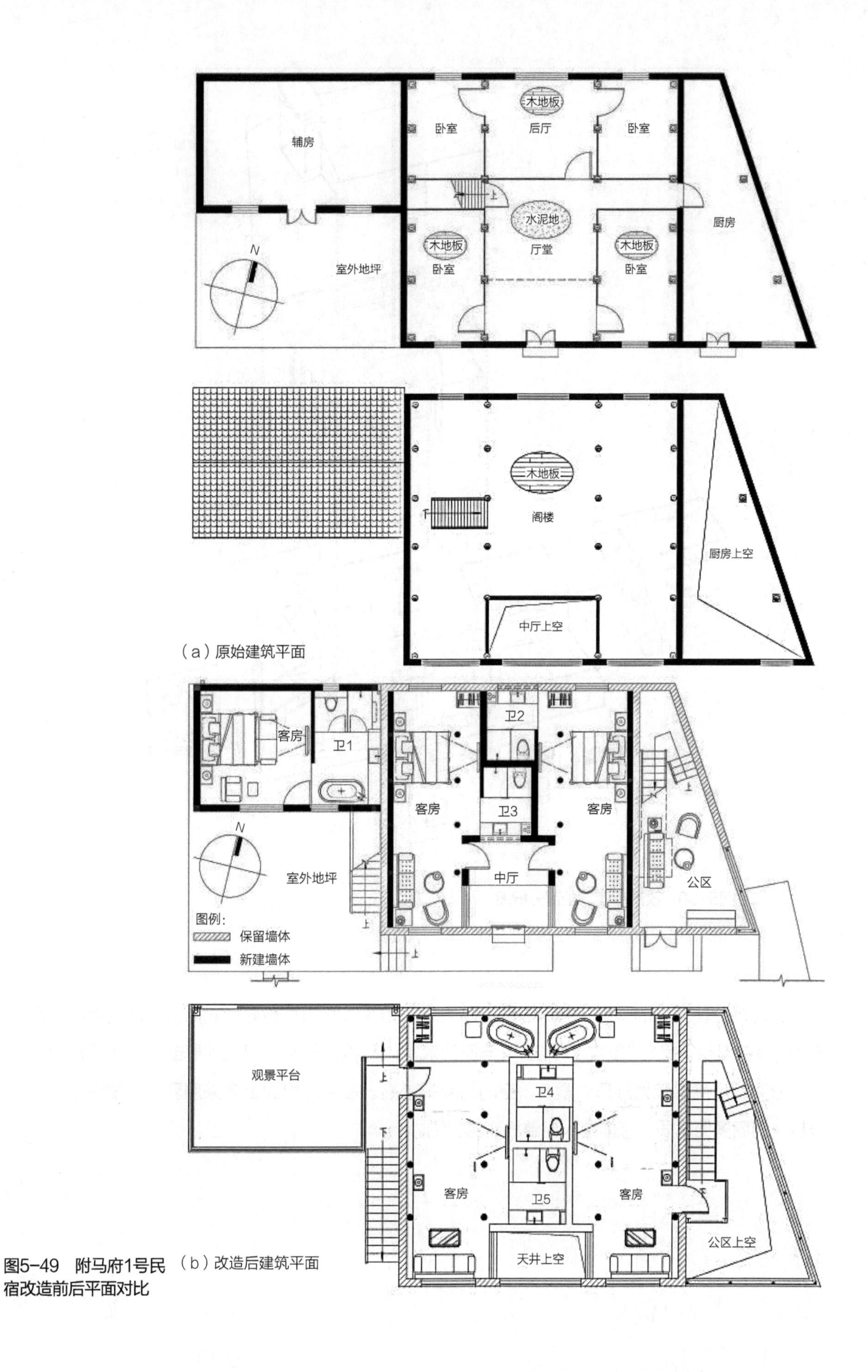

(a)原始建筑平面

(b)改造后建筑平面

图5-49 附马府1号民宿改造前后平面对比

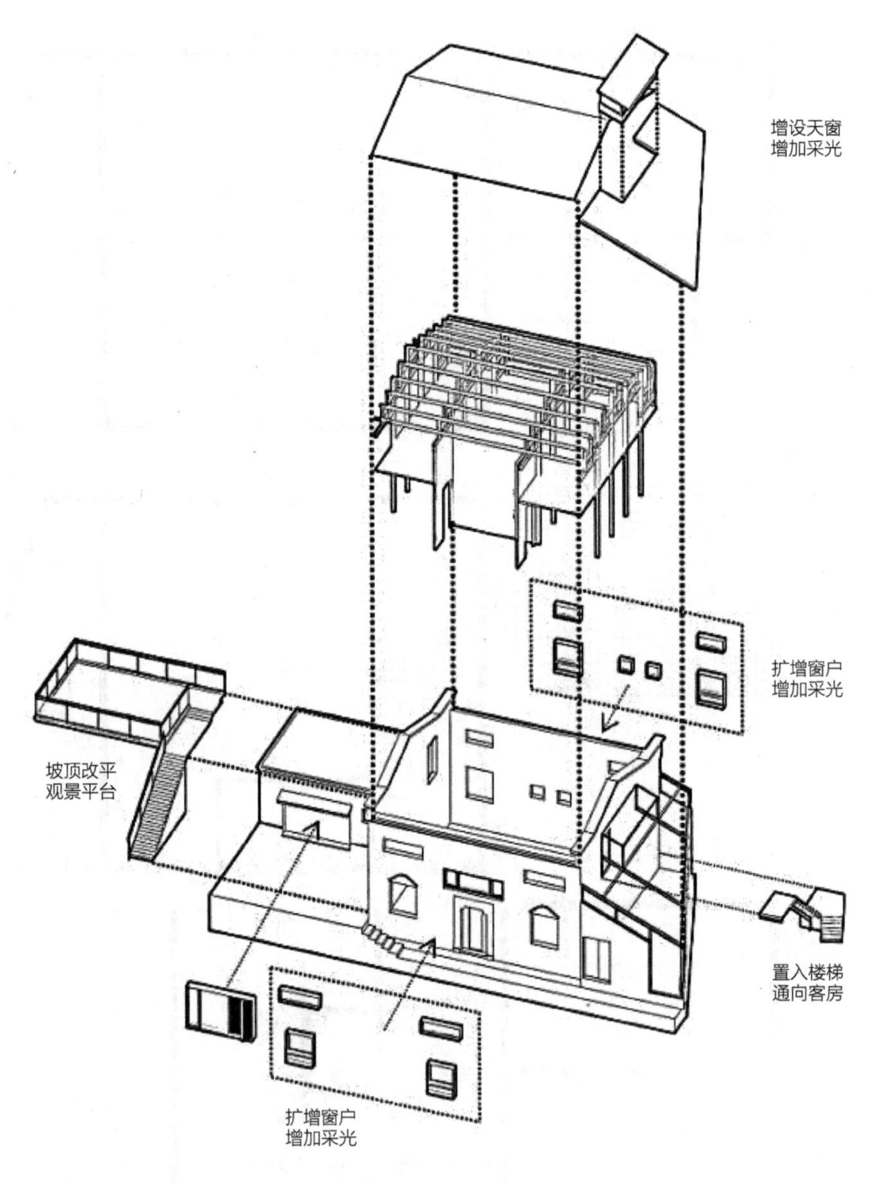

图5-50 改造后建筑轴测分析图

受建筑整体面积的限制，客房的设计以大床房和双人间两种布局形式为主，房间面积大概30m^2，装饰风格追求“复古、朴素”，与原建筑室内风格相契合，卫生间局部采用半开放式，干湿分离。尺度感较为舒适、紧凑，空间利用率较高。在室内界面上多采用乳胶漆刷白处理，家具、门窗多为木质，整体给人温馨舒适的感觉。